Andreas Roloff

Der Charakter unserer Bäume

Ihre Eigenschaften und Besonderheiten

Ulmer

Andreas Roloff
Der Charakter unserer Bäume
Ihre Eigenschaften und Besonderheiten

Inhalt

Vorwort

Das Interesse an unseren Bäumen in Stadt, Landschaft und Wald ist in den letzten Jahren erfreulich groß geworden und nimmt deutlich weiter zu. Sie werden nicht mehr als anonyme Holzlieferanten oder als schmückendes Beiwerk in öffentlichen Parks wahrgenommen, sondern als Lebewesen mit eigenem Charakter.

Das Interesse an Bäumen berührt sicher eine tief im Menschen verwurzelte Sehnsucht nach Natur, die infolge der Urbanisierung immer schwieriger zu befriedigen ist. Dabei spielen Bäume wegen ihrer Langlebigkeit, ihrer Größe und ihrer Bedeutung für das Erleben der Jahreszeiten eine besondere Rolle. Sie strahlen Stärke und Ruhe aus.

Immer mehr Menschen möchten die Bäume verstehen (lernen) und dies erfahre ich auch in meinem Berufsalltag sehr deutlich und oft bewegend. Und einen Baum kann eigentlich jede/r als Freund gewinnen, entweder einen selbst gepflanzten Haus- oder Familienbaum im eigenen Garten oder einen häufig besuchten alten Charakterbaum in öffentlichen Parks, Grünanlagen oder Wäldern.

Alle diese Menschen – bauminteressierte Laien, Baumliebhaber, -fachleute und -sachverständige, Studierende und Berufstätige grüner Berufe – möchte ich mit diesem Buch erreichen, sodass sie Bäume besser verstehen können. Dies bedeutet zuallererst die Baumarten genauer kennenzulernen, um ihre Eigenarten, Besonderheiten, Stärken und Empfindlichkeiten zu berücksichtigen. Wer die Baumarten kennt, kann sich mehr Gedanken über ihren Charakter und ihre optimale Pflege und Verwendung machen. Denn dabei ist durchaus noch einiges zu verbessern.

Wenn ich mit diesem Buch dazu etwas beitragen kann, bin ich froh und freue mich über Ihre Rückmeldungen – vielen Dank, dass Sie sich für dieses Buch interessieren.

Danken möchte ich dem Verlag Eugen Ulmer für die wieder so vorzügliche Betreuung dieses Werkes, vor allem Frau Ina Vetter, Herrn Volker Hühn, Herrn Michael Kokoscha, Frau Agnes Pahler, Frau Gabriele Wieczorek, Frau Anette Vogt und Frau Susanne Junker.

Ihr Andreas Roloff
Lehrstuhl für Forstbotanik, Fakultät Umweltwissenschaften, TU Dresden/Tharandt
E-Mail: roloff@forst.tu-dresden.de, Website: www.tu-dresden.de/forstbotanik

Die Ivenacker Eichen bei Neubrandenburg gehören zu den ältesten und größten Bäumen Deutschlands.

Typisch Baum

Was ist typisch für jede Baumart, was ist ihr Charakter? Dieser Frage widmet sich das vorliegende Buch. Mit dem Charakter einer Baumart sind ihre besonderen Eigenschaften gemeint, durch die sie sich von anderen Baumarten unterscheidet. Doch zunächst soll betrachtet werden, was einen Baum zum Baum macht und welche Eigenschaften die Bäume als besondere Wuchsform auszeichnen.

Was macht Bäume aus?

Der Charakter einer Baumart entscheidet über ihre Wirkung, Verwendung und Nutzung. Dazu gehören aber auch Eigenarten, die uns auffallen, beeindrucken, faszinieren und berühren. Durch sie wird eine Baumart liebenswert, ansprechend und interessant.

Würdevolle Bäume wie diese Hainbuche sprechen uns besonders an.

Bäume sind mehr als nur ein großes Gewächs – sie wecken abhängig vom Zusammenhang bestimmte Empfindungen. Im Vordergrund dieses Buches steht die Wirkung der einzelnen Baumart, die sich auf visuelle, ästhetische, emotionale, psychische und heilkundliche Aspekte beziehen kann (Näheres ist beispielsweise im Buch »Bäume in der Stadt«, Roloff 2013, nachzulesen).

Am stärksten kommt dieser Charakter einer Baumart bei älteren Einzelbäumen oder Alleen zur Geltung, bisweilen aber auch im Bestand. Eine wichtige Rolle spielen die jeweiligen »Bäume des Jahres«. Die Baum des Jahres-Stiftung wählt sie aus, weil sie besonders wertvoll, interessant und würdig sind (www.baum-des-jahres.de).

Umfassende Beschreibungen botanischer Details aller behandelten Arten finden sich in der »Enzyklopädie der Holzgewächse« und der »Flora der Gehölze« (Roloff und Bärtels 2014, Roloff & al. 2017). Das »Keltische Baumhoroskop« (Mütsch-Engel 1984, Vescoli 1995, Wallrath 2002) gründet auf einer interessanten Idee. Es wird aber hier im Text zu den Baumarten nicht weiter berücksichtigt, da für den Bereich der Mythologie und Esoterik nur wenig Platz zur Verfügung steht. Dazu gibt es aber einige spezielle Bücher (beispielsweise FISCHER-RIZZI 2008, LAUDERT 2009, WOELM 2006).

Die meisten Baumarten lassen sich mit etwas Übung gut an den Kronengeräuschen erkennen. Die Angaben in diesem Buch beziehen sich auf Bäume ab fünf Meter Größe bei etwa Windstärke 4 mit voll entwickelten Blättern im Juni bis August, bei immergrünen Baumarten ganzjährig. (Die Zweige bewegen sich bei dieser Windstärke deutlich.) Bei diesen vollkommen neuen Erhebungen haben wir festgestellt, dass die Größe, Form und Steifigkeit der Blätter sowie die Blattstiellänge für die Geräusche entscheidend sind. In diesem Punkt sind einige Arten wie Zitter-Pappel, Kiefer und Birke sogar unverwechselbar.

Baum oder Strauch?

Was ist überhaupt das Charakteristische eines Baumes im Unterschied zu einem Strauch? Bäume sind Gehölze – Stamm und Äste verholzen, bleiben länger als ein Jahr erhalten und werden jedes Jahr oberirdisch »erweitert«. Sie bekommen neue Jahrestriebe mit Blättern, Blüten und Früchten, in der gemäßigten Zone bilden sich im Holz Jahrringe. Bäume entwickeln im Alter einen astfreien unteren Stammabschnitt von mindestens ein bis zwei Meter Länge und eine deutlich vom Stamm abgesetzte Krone.

Baum oder Strauch? Hier ist es einfach: Sträucher (Rhododendren und Azaleen) ohne abgesetzten Stamm wachsen unter Bäumen (Wald-Kiefern).

Das muss nicht für alle Exemplare einer Baumart zutreffen, aber es sollte zumindest für eine größere Anzahl stimmen. Beispielsweise ist der Feld-Ahorn eine Baumart, obwohl er nicht nur oft, sondern sogar häufiger strauchförmig oder mehrstämmig wächst.

Sträucher werden höchstens sechs bis acht Meter hoch, wachsen vielstämmig, sind auch im Alter bis unten beastet und treiben meist jedes Jahr von unten stark aus, während im Wipfelbereich das Wachstum bereits nach wenigen Jahren deutlich nachlässt.

Einzelne Bäume derselben Baumart können sich unter ungünstigen Bedingungen auch strauchförmig entwickeln. Das geschieht unter natürlichen Verhältnissen an Küsten, an Moorrändern, im Hochgebirge, auf Felsen und bei extremem Verbiss. Durch versiegelte oder kontaminierte Flächen und regelmäßigen Schnitt nimmt auch der Mensch Einfluss.

Sträucher können gelegentlich baumförmig wachsen, wie man es in seltenen Fällen beim Holunder oder der Haselnuss beobachten kann. Man muss also bei der Frage, ob Baum oder Strauch, unterscheiden, ob es sich um einen Einzelbaum handelt oder allgemein um die Baumart. Demnach ist der Buchsbaum keine Baumart, schließlich tritt er zu selten als Baum auf. Beim Wacholder handelt es sich um einen Grenzfall. Er wird hier als Baum angesehen und in diesem Buch berücksichtigt.

Anpassungsstarke Bäume

In unserer Zeit der Klima-Änderung sind folgende Fragen wichtig:

- *Wie anpassungsfähig ist eine Baumart an ihren Standort oder ihre Umwelt und wie sehr dürfen sich die wichtigen Faktoren verändern, ohne dass die Bäume Schaden nehmen?*
- *Welche Veränderungen ertragen ein Baum oder eine Baumart während ihres Lebens?*

Es gibt eine Vielzahl wertvoller Ansätze, die Ansprüche und Toleranzen einzelner Baumarten darzustellen. Jeder dieser Ansätze hat seine Vorteile, aber auch seine Grenzen. Unser Wissen ist noch längst nicht umfassend genug und es besteht weiterhin erheblicher Forschungsbedarf. Dabei spielen für die Anpassungsfähigkeiten von Bäumen an den jeweiligen Standort das Alter, die »Vorerfahrung« der Einzelpflanze, angeborene Eigenschaften und die Herkunft des Saatgutes eine entscheidende Rolle. Bei Baumpflanzungen sind auch die Witterungsbedingungen wichtig.

Der Pioniercharakter der Sand-Birke (vorne) und der Zitter-Pappel (hinten) wird auf der vollständig versiegelten Asphaltfläche deutlich.

Es hat sich herausgestellt, dass sich bei vielen, (wenn nicht sogar bei allen) Baumarten Ökotypen unterscheiden lassen. Das sind an spezielle Standort- und Umweltverhältnisse angepasste Individuen (oder ganze Bestände), die ihre Lebensgeschichte und ihre genetischen Anlagen widerspiegeln. So kann man eine Baumpflanzung vorbereiten, indem man die Bäume unter ähnlichen Verhältnissen anzieht, wie sie am neuen Standort herrschen. Bäume bestimmter Herkünfte, etwa von kalten oder trockenen Regionen, kommen mit entsprechenden Extremverhältnissen meist besser zurecht als solche von einem Durchschnittsstandort (Czaijkowki & Bolte 2006). Daher ist es nicht gleichgültig, ob Sie für eine

Die Buche ist eine typische Klimax-Baumart. Hier eine Skulptur aus »siamesischem Zwilling« mit markanten Astnarben und Wurzeln.

Anpflanzung im kontinentaleren Osten Mitteleuropas Bäume aus küstennahen Gebieten oder aus Regionen mit einem ähnlichen Klima verwenden.

In der zeitlichen Abfolge von Lebensgemeinschaften innerhalb eines Lebensraumes (Sukzession genannt) bezeichnet man Baumarten, die vor allem oder nur am Beginn eine Rolle spielen, als Pionier-Baumarten. Klimax-Baumarten sind hingegen solche, die erst am Ende und damit dauerhaft auftreten oder den Bestand dominieren. Beide Gruppen weisen für die Verwendung entscheidende Unterschiede in wichtigen Eigenschaften auf. Es stellt sich daher die Frage, welche für ihren Charakter bedeutsam sind.

Charakteristika von Pionier-Baumarten sind meist

- *ein hoher Lichtbedarf von der Jugend bis ins hohe Alter,*
- *die Unempfindlichkeit gegenüber Frost und Hitze, Wasser- und Nährstoffmangel,*
- *die Toleranz von Standort- und Klimaveränderungen,*
- *ein schnelles Jugendwachstum, das bald nachlässt,*
- *eine geringe Lebenserwartung von etwa 100 Jahren,*
- *eine hohe Lichtdurchlässigkeit in die und durch die Krone (»Licht-Baumarten«),*
- *ein hohes Spross-Wurzel-Verhältnis,*
- *ein großes Reaktionsvermögen,*
- *bei einigen Arten eine schnelle vegetative Vermehrung und Ausbreitung über Wurzelbrut.*

Eine typische natürliche Ausgangssituation für Pionier-Baumarten wäre die Erstbesiedelung einer Waldbrand- oder Brachfläche. Hier können sie ihre Stärken ausspielen. Demgegenüber zeigen Klimax-Baumarten meist

- *eine hohe Schattentoleranz, zumindest in der Jugend,*
- *Empfindlichkeit gegenüber Klima-Extremen und Störungen,*
- *ein mäßiges Wachstum in der Jugend, das dafür bis ins hohe Alter anhält,*
- *eine höhere Lebenserwartung (etwa 300 Jahre und mehr),*
- *eine geringe Lichtdurchlässigkeit der Krone (»Schatten-Baumarten«) und*
- *ein geringes Spross-Wurzel-Verhältnis.*

Als typische Situation mit Vorteilen für Klimax-Baumarten kann man sich einen dichten Altbaumbestand im Wald oder Park vorstellen, unter dem junge Bäume aufwachsen.

Die komplexen Zusammenhänge sind damit grob verallgemeinert. Natürlich gibt es eine Reihe von Baumarten, die sich nicht ohne Weiteres in diese beiden Gruppen einordnen lassen. Trotzdem ist dieses Grundwissen für den Charakter und die Beurteilung der Anpassungsfähigkeit sehr hilfreich. Wir unterscheiden zudem noch Übergangs-Baumarten, die am Übergang vom Pionier- zum Schlusswald im »Zwischenwald« auftreten, sowie Dauer-Baumarten, die auf bestimmten Standorten dauerhaft vom Anfang bis zum Schlussstadium der Vegetations-Entwicklung dominieren können. Die Anpassungsfähigkeit an häufige Umweltveränderungen ist bei Pionier-Baumarten besonders ausgeprägt. Dies ist Teil ihres Charakters.

Erscheinungsbild der Bäume

Ein Gang durch Wald, Park und Feld zeigt es: Jeder Baum sieht anders aus. Sie alle haben eine Rinde, doch ist diese bei jeder Art charakteristisch. Einzelne Bäume können je nach Standort und eigener Lebensgeschichte durch Astnarben oder ihr individuelles Erscheinungsbild ganze Geschichten erzählen.

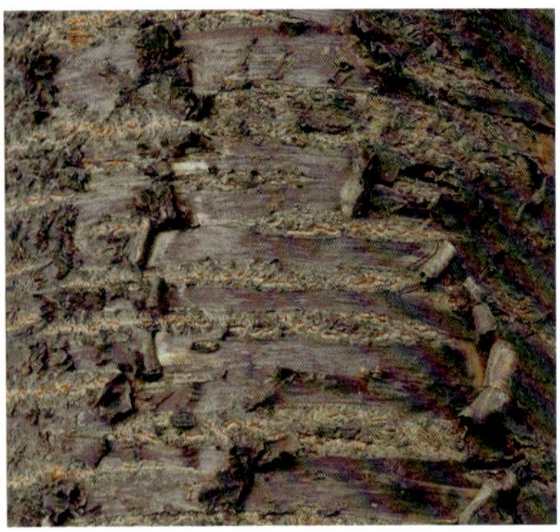

Glattrinde findet sich bei der Hainbuche und Ringelrinde bei der Kirsche.

Rindenbilder

Die Rinde können wir als Gesicht des Baumes bezeichnen, da sie sich in Augenhöhe befindet, sich von Baumart zu Baumart und von Baum zu Baum unterscheidet und sichtbar altert. Es ist faszinierend, sich intensiver damit zu beschäftigen (siehe auch Godet 2011, Pollet & Isambert 2011). Baumrinden strahlen Ästhetik in allen Facetten aus, mit dem eindrucksvollen Ergebnis, dass die Rinde mit dem Alter meist immer schöner wird.

Typen der Rinde

Als Rinde werden alle Gewebe außerhalb der Zellteilungsschicht im Stamm (Kambium) bezeichnet, als Borke nur die abgestorbenen äußersten Bereiche der Rinde. Die Rinde beziehungsweise Borke schützt vor Wasserverlusten, Temperaturextremen, mechanischen Verletzungen, Feuereinwirkung und Befall durch Schädlinge.

Bei allen Baumarten entwickelt sich in der Rinde ein weiteres Kambium (Korkkambium), das für die Schutzfunktion der Rinde nach außen Korkzellen absondert. Das erste

Korkkambium kann lebenslang erhalten bleiben (etwa bei Buche, Birke und Kirsche). Dann entsteht keine Borke und die Rindenoberfläche bleibt dünn und glatt. Öfter werden innerhalb des vorherigen weitere Korkkambien entwickelt. Dann stirbt alles außerhalb davon befindliche Gewebe ab und wird zur Borke, die an der Oberfläche ständig durch Verwitterung abgelöst und gleichzeitig von innen erneuert wird. Wir unterscheiden drei verschiedene Rindentypen und drei Borketypen:

Die Kork-Eiche besitzt Massenkork und die Eibe Schuppenborke.

Glattrinde (Krümelkork): Das erste Korkkambium bleibt zeitlebens erhalten, wie es typisch für Rot-Buche und Hainbuche ist. Die Rinde mutet glatt an, die Korkzellen krümeln nach außen ab (beim Darüberstreichen spürt man die Krümel). Dieser Rindentyp verleitet besonders häufig zum Einritzen von Buchstaben oder Zeichen mit meist vergänglichem Inhalt.

Ringelrinde (Streifenkork): Der ältere Kork ringelt sich in waagerechten Streifen von der Rinde und fällt schließlich ab, wie etwa bei Kirsche und Birke. Die Rinde bleibt zwischen den Ringelstreifen glatt und bisweilen glänzend. Dieser Rindentyp kann sehr reizvoll aussehen.

Massenkork: Die vom Korkkambium abgesonderten Korkzellen entwickeln sich in besonders großen Mengen und bilden eine dicke Korkschicht. Bekannt dafür sind die Kork-Eiche und der Korkbaum.

Schuppenborke (Plattenborke): Die immer wieder neu entstehenden Korkkambien bilden schuppenartige Strukturen, wie es bei Berg-Ahorn und Eibe der Fall ist. Diese Platten dunkeln mit zunehmendem Alter nach und fallen schließlich als Borkenschuppen ab, worunter wieder helle Bereiche zum Vorschein kommen. So entsteht ein ästhetisch ansprechendes Farb-

Streifenborke beim Lebensbaum und Netzborke bei der Eiche.

spiel auf der Rinde. Bei stärkerem Schuppenabwurf wird der gesamte Stamm in einzelnen Jahren auffallend hell oder bunter.

Streifenborke (Ringborke): Entstehen die Korkkambien in Längsstrukturen, reißt die Borke in langen, senkrechten Streifen am Stamm auf, wie bei Wacholder und Lebensbaum. Diese Borkestreifen bleiben meist noch lang am Stamm hängen, da sie nicht auf der gesamten Länge zeitgleich abgetrennt werden.

Netzborke: Netzartig reißt die Borke bei Spitz-Ahorn und Pappeln auf. Die Korkkambien sind x-förmig miteinander verbunden. Bei alten Bäumen kann dieser Borketyp gerade die ständige Umfangerweiterung des Stammes sichtbar und verständlich machen.

Astnarben

Neben den Lentizellen (Atemporen) sind auf der Rinde auch die Narben von Ästen zu erkennen, vor allem bei hell- und glattrindigen Baumarten. Die Seitenzweige der Hauptachse bleiben beim weiteren Wachstum der Krone nicht alle am Leben, denn sie werden von den darüber wachsenden Zweigen immer mehr beschattet. In der Folge werden sie von Pilzen befallen und zersetzt. Sie brechen schließlich ab, was man als natürliche Astreinigung bezeichnet. Dabei bleibt auf der Rinde eine Narbe zurück, aus deren Form Baumkenner sogar ableiten können, wie lange der Ast schon abgestorben ist, wie dick er beim Absterben war und wie steil er am Stamm stand. Durch die Astnarben entstehen bisweilen sehr eindrucksvolle Rindenbilder, entweder in Form von Beulen durch Überwallung der Aststummel oder durch besondere Überwallungsstrukturen.

Körpersprache

Wer sich intensiv mit Bäumen beschäftigt, ist nachhaltig beeindruckt, wie viel sich vom äußeren Erscheinungsbild eines Baumes über seinen

Links: Astnarben (Positionen früherer Äste) sind am Stamm einer Buche gut zu erkennen. Rechts: Das Rindensymptom einer Astnarbe (»Eichenrose«) tritt hier an einer Trauben-Eiche auf.

Zustand, sein Innenleben und seine Lebensgeschichte ablesen lässt. Zwar können Bäume als Zeichen des Wohlbefindens nicht lächeln und als Symptom des Leidens nicht traurig aussehen, aber dafür bleiben die Anzeichen von Ereignissen viel länger sichtbar. Man spricht daher auch bei Bäumen von der Körpersprache, die ihren Zustand in der Gegenwart und die Folgen von Ereignissen in der Vergangenheit verdeutlicht.

Der dafür inzwischen etablierte Begriff Baumdiagnostik (Roloff 2015) macht deutlich, dass hier neben den eigentlichen Symptomen auch Hintergrund-Informationen und baumbiologische Kenntnisse einbezogen werden, ebenso wie in der auf den Menschen bezogenen medizinischen Diagnostik. Die Kenntnis der Körpersprache und Diagnostik-Merkmale ist für die Baumkontrolle und das Verständnis des Baumes von elementarer Bedeutung, geht es dabei doch darum, rein visuell aus den äußeren Symptomen eines Baumes auf seinen Zustand und mögliche Risiken oder Defekte zu schließen.

Ein Gnomgesicht befand sich an der Veredlungsstelle einer alten Blut-Buche in den Jahren 2009 und 2014 – kurz bevor der Baum abstarb.

Gleichfalls bieten allen Baumliebhabern die Körpersprache und Symptomatik eine Fülle von Informationen über den Baum, denn sie erzählen viel über seine Lebensgeschichte und seine Reaktionen auf die Umwelt. Dafür sind Stamm und Rinde besonders wichtige und interessante Bereiche eines Baums.

Baumgesichter

Anhand von zwei Bäumen wollen wir verschiedene Typen von Baumgesichtern vorstellen. Ursachen für diese Symptome sind natürliche Einflüsse. Diese Beispiele sollen Sie dazu animieren, selbst nach weiteren eindrucksvollen Gesichtern zu suchen.

Beim ersten Beispiel (Bilder auf dieser Seite) war an einer Veredlungsstelle einer Blut-Buche im Forstbotanischen Garten Tharandt durch Beulen und Kehlen ein Gnomgesicht entstanden, das mich jahrelang fasziniert hat. Dieses Gesicht sah viele Jahre lang sehr freundlich aus (a), wurde dann aber immer griesgrämiger (b), während der Baum in der Krone abzusterben begann. Man bekommt den Eindruck, dass der Gnom dies gespürt hatte.

Das zweite Beispiel (Bild gegenüber) macht deutlich, wie Stammfäulen und -höhlungen zum Entstehen von »Gesichtszügen« führen können. In einer Kindervorlesung vor 8- bis 14-Jährigen, die ich für verschiedene Schulen gehalten habe, lachte jedes Mal der ganze Saal bei diesem Baumfoto – und ich wusste lange nicht, warum. Bis ich eines Tages das Bild in anderem Zusammenhang noch einmal ansah, und da war es: ein Gesicht mit weit aufgerissenem Mund im Stamm, klar und deutlich. Und darüber noch eins mit einer langen Nase. Kinder sind in solchen Interpretationen viel freier als wir Erwachsenen oder gar Baumfachleute.

Baumgestalten

Gehen wir noch einen Schritt weiter und schauen uns ganze Bäume und ihre Gestalt an: Was können wir daraus ableiten über Umwelt-Einflüsse, die Lebens- oder vielleicht sogar die Leidensgeschichte? Dabei ist zu berücksichtigen, dass die Wirkung des gleichen Umweltfaktors von Baum(art) zu Baum(art) verschieden sein kann und dass für eine Wirkung verschiedene Ursachen möglich sind.

Das eindrucksvolle Stammbild ist bei dieser Strobe durch Stammhöhlungen und -fäulen entstanden.

Die Lebensgeschichte einer Fichte mit einschneidenden Ereignissen im früheren Baumleben ist noch klar zu erkennen.

Der Charakterbaum eines Wild-Apfels wurde von der Natur durch Windeinfluss, Astabbrüche und Stammhöhlung geformt.

Für viele Gestaltmerkmale spielt die Genetik eine entscheidende Rolle, etwa bei den Verzweigungstypen der Fichte. Und bisweilen hängt die Interpretation einer Erscheinung auch von der Erfahrung oder sogar der Stimmung des Beobachters ab. Verallgemeinerungen sind demnach nur eingeschränkt möglich. Die für die Baumarten spezifischen Eigenarten werden im nachfolgenden Kapitel über die einzelnen Baumarten vorgestellt.

Ereignisse in der früheren Lebensgeschichte eines Baumes können sich zeitlebens zeigen, wie das nächste Beispiel verdeutlicht: Die Fichte auf der Abbildung gegenüber hat eine bewegte Entwicklung hinter sich. Zunächst keimte sie und wuchs auf (vorn links im Bild), bis sich in der Jugend offensichtlich etwas Einschneidendes ereignet hat. Der Wipfel ist abgestorben oder abgebrochen und ein Seitenast musste ihn ersetzen. Da dieser jedoch schon relativ dick war, konnte er sich nicht mehr aufrichten, sondern wuchs nur an der Spitze aufrecht weiter (hinten rechts im Bild). Es entstand ein jetzt über mehrere Meter auf dem Boden dahinkriechender »Stamm«. Dieses Beispiel zeigt eindrucksvoll, wie reaktionsstark und anpassungsfähig Bäume sein können. Hier ist das Ergebnis eine lebende Skulptur.

Charakterbäume

Als Charakterbäume werden in jüngerer Zeit markante Einzelbäume bezeichnet, die besondere Merkmale aufweisen. Viele Baumliebhaber suchen zunehmend danach: Zwiesel, krumme oder etwas schiefe Stämme, markante Äste, einseitige Kronen – also genau das, was bisher in den Baumschulen eher als unbrauchbar aussortiert wurde. Da Baumanzucht und -erziehung 20 Jahre lang dauern können, ist es natürlich hart, wenn die jetzt verkaufsfertigen Bäume solche Kriterien nicht erfüllen, weil sie – bisher – unerwünscht waren. Aber daran merken wir eindrucksvoll einen interessanten Wandel in der Wahrnehmung der Baumfreunde, der eigentlich gut nachvollziehbar ist und in die heutige Zeit passt. Der gerade, astfreie Stamm ist bei Bäumen für Privatgärten nicht mehr so wichtig – es kommt zunehmend auf die Ästhetik, fast schon das Künstlerische an.

Eine besondere und schöne Rolle spielen dabei Hausbäume. Zu ihnen besteht meist eine intensive familiäre Beziehung. Eventuell war ein besonderer Anlass wie eine Geburt oder Hochzeit ein Grund für die Pflanzung. Besonders beliebt sind klein bleibende, schön blühende oder fruchtende Bäume. Sie stehen einzeln im Garten oder am Haus. Hausbäume sind oft auch Charakterbäume.

Die fortgeschrittene Baumalterung bringt typische Zerfallserscheinungen und Neuaustriebe mit sich wie bei der 700-jährigen Winter-Linde.

Alterung von Bäumen

Die Alterung von Bäumen unterscheidet sich grundsätzlich von unserem Alterungsverständnis. Bäume altern anders als Menschen, denn ein Baum erneuert jedes Jahr an fast allen seinen Organen einen Teil der Gewebe: Es treiben neue Blätter und Zweige aus, er bildet in der Regel einen neuen Jahrring im Holz, neue Bastzellen in der Rinde sowie neue Wurzeln, sodass die jüngsten Gewebe maximal ein oder wenige Jahre alt sind. Solange diese alljährliche »Verjüngungskur« anhält, lebt und wächst der Baum zumindest in Teilen weiter.

In höherem Alter fallen immer mehr der älteren Bestandteile aus, werden aufgegeben und sterben ab, es gibt Totäste und Totholz. Der Baum besteht dann zunehmend aus einzelnen Teilen, die sogar unabhängig voneinander weiter existieren können – bei alten Baumveteranen geschieht es häufig, dass der Stamm zerfällt.

In Bezug auf das Höchstalter liegen Nadelbäume wegen ihres besser abgesicherten Wasserleitsystems auf den vorderen Plätzen. Das Wasserleitsystem der Nadelbäume kann nach Beschädigung und Embolien einfacher repariert werden als das der meisten Laubbäume. Der Harzgehalt des Holzes vieler Nadelbäume trägt außerdem dazu bei, Schädlinge in Schach zu halten. So sind fast alle ältesten Bäume der Welt Nadelbäume. In Europa sind es Eibe und Wacholder mit einem Höchstalter von 2000 Jahren (Roloff & al. 2017). Laubbäume der gemäßigten Breiten schaffen es immerhin auf etwas über 1000 Jahre. Dabei besteht allerdings Uneinigkeit über den ältesten Baum Deutschlands – ist es eine Linde, eine Eibe oder eine Eiche (Brunner 2007, Die Welt 2012, Monumentaltrees 2017, Ullrich & al. 2012, Wikipedia 2017)? Zur Diskussion stehen

- *die Tanzlinde in Schenklengsfeld (Sommer-Linde, Hessen),*
- *die Femeeiche in Erle (Stiel-Eiche, NRW) und*
- *die Eibe in Balderschwang (Bayern).*

Bäume können nicht unbegrenzt größer oder höher werden. Was geschieht eigentlich bei einer Eiche oder Linde nach 200 Jahren, wenn sie ihre Endhöhe erreicht hat? Einzelne Äste sterben ab und schlafende Knospen treiben aus (»Reiterationen« genannt, Roloff 2001), sodass einem der Baum für lange Zeit in Hinsicht auf Größe und Silhouette fast unverändert vorkommt. Aber in Teilbereichen findet fortlaufend eine Erneuerung statt und schließlich wird die Krone zurückgezogen. Dieser Teilprozess hängt oft von Witterungseinflüssen und biologischen Eigenschaften der Baumart ab (wie Sturm, Nassschnee, Spätfrost, sonstige Kronenschäden, Wurzelbrut beziehungsweise Absenker-Bewurzelung).

Nur schematisch stellen wir hier den Alterungsprozess langlebiger Baumarten wie Eiche, Linde, Ess-Kastanie und Olivenbaum dar. Dafür wurden seit 2012 an Uraltbäumen, vor allem an Eichen und Linden, Erhebungen durchgeführt, und zwar in England, Deutschland und Böhmen. Wir haben sie fotografiert und dann nach Übereinstimmungen und Prinzipien gesucht. Diese Recherche wurde erschwert, weil der Prozess durch Schnittmaßnahmen zur Gewährleistung der Verkehrssicherung häufige Störungen erfuhr. Vielleicht wird es in Zukunft möglich sein, diese Phasen beim Schnitt stärker zu berücksichtigen. Ansätze dazu gibt es (Fay 2015, Lonsdale 2014, Read 2000), doch kann der Schnitt nie den variablen natürlichen Ablauf ersetzen. Zudem hat man es mit Problemen durch zu große Schnittflächen zu tun.

Lebenserwartung von Bäumen

Schnelllebige Bäume mit etwa 80 bis 100 Jahren Lebenserwartung: Sand-Birke, Moor-Birke, Eberesche, Schwarz-Erle, Zitter-Pappel, Sal-Weide.

Mittelalte Bäume mit etwa 150 bis 350 Jahren Lebenserwartung: Berg-Ahorn, Feld-Ahorn, Spitz-Ahorn, Wild-Apfel, Wild-Birne, Rot-Buche, Rot-Eiche, Elsbeere, Esche, Gewöhnliche Fichte, Blau-Fichte, Hainbuche, Schwarz-Kiefer, Wald-Kiefer, Vogel-Kirsche, Robinie, Rosskastanie, Stechpalme, Weiß-Tanne, Berg-Ulme, Feld-Ulme, Flatter-Ulme, Walnuss, Silber-Weide.

Langlebige Bäume mit über 400 Jahren Lebenserwartung: Eibe, Stiel-Eiche, Trauben-Eiche, Ginkgo, Ess-Kastanie, Lärche, Sommer-, Winter-Linde, Wacholder.

Alterungsprozess langlebiger Baumarten: schematische Darstellung in zehn verschiedenen Phasen über einen Lebenszyklus von 400 bis 1000 Jahren.

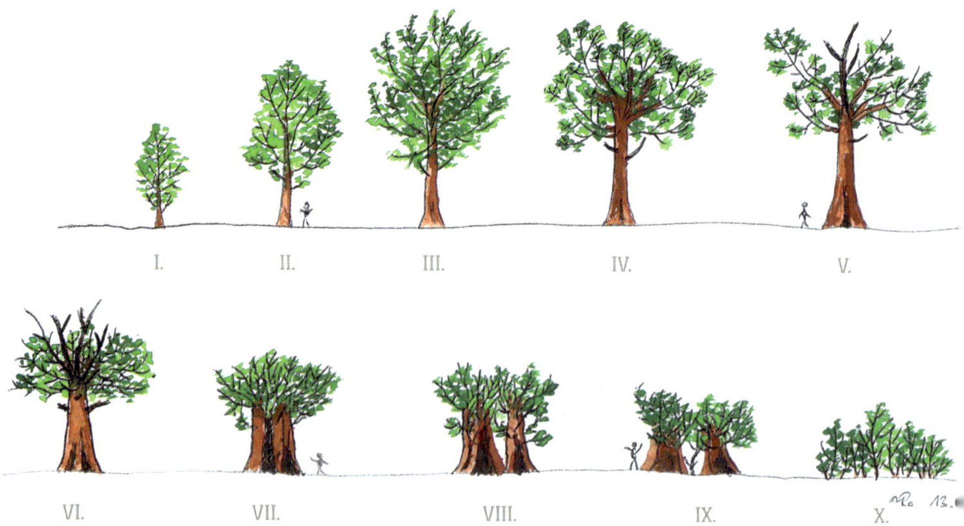

Zunächst teilen wir die Baumarten nach ihrer normalen Lebenserwartung in drei Gruppen ein (nach Roloff & al. 2017). Auf dieser Grundlage werden die nachfolgenden Ausführungen und die sich anschließende Vorstellung der Baumarten besser verständlich.

Folgende zehn Lebensstadien können wir im Idealfall an vielen langlebigen Baumarten unterscheiden (genaue Altersangaben und Altersspannen dafür sind nicht möglich, da sie zu sehr von der Baumart, dem Standort und Schäden abhängen):

I. Jugend-Phase: Kronenaufbau, starkes Höhenwachstum
II. Explorations-Phase: Netzwerk von Langtrieben im Wipfelbereich
III. Degenerations-Phase: Flaschenbürsten- beziehungsweise längliche Strukturen
IV. Stagnations-Phase: Krallen- oder Pinsel-Strukturen im Wipfelbereich
V. Retraktions-Phase: Absterben mehrerer Hauptachsen im Wipfelbereich
VI. Kronenrückbau-Phase: Aufbau einer Sekundärkrone in mittlerer Baumhöhe
VII. Baumveteran-Phase: Verdichtung der Sekundärkrone, Stammöffnungen und Stammfäulen
VIII. Zerfalls-Phase: Zerfall des Stammes in Teilbäume
IX. Baummonument-Phase: mehrere eigenständige Individuen
X. Verjüngungs-Phase

Dabei handelt es sich vor allem in den späteren Phasen um keine zwangsläufige Abfolge. So können nach Phase V einzelne Phasen übersprungen oder frühere wiederholt werden. Die ganze Vielfalt an möglichen Varianten lässt sich hier kaum darstellen. Theoretisch kann mit Phase X der Zyklus wieder von vorn beginnen – oder auch schon früher, etwa bei Baumarten mit Wurzelaustrieben oder Astbewurzelung.

Zwei Beispiele

Die zwei ausgewählten Bäume stehen beispielhaft für verschiedene Typen. Weitere Typen folgen bei der Beschreibung der Baumarten im folgenden Kapitel. Ursachen für besondere Baumgestalten und -skulpturen können natürliche oder menschliche Einflüsse sein.

Die Fichten auf der Folgeseite im Vordergrund des Fotos wurden jahrzehntelang vom Rotwild verbissen, das sich gern an diesem Waldrand

Durch jahrzehntelangen Verbiss ist diese merkwürdige Wuchsform an Fichten entstanden.

aufhält. Schließlich sind die Bäume aber doch aus der Verbisszone herausgewachsen und haben einen aufrechten Wipfeltrieb entwickeln können. Die Vorgeschichte kann man noch zehn bis 20 Jahre lang an der strauchförmigen Unterkrone erkennen, während sich am Wipfel eine normale Krone entwickelt.

Der Wild-Apfel auf der Folgeseite an der Westküste der dänischen Ostsee-Insel Bornholm ist ganzjährig extremer Wind-, oft sogar Sturmbelastung ausgesetzt und hat als Anpassung zum Schutz eine einseitige Krone entwickelt, die zur Kriechform des Baumes geführt hat.

Dieser Wild-Apfel hat durch ständigen Sturmeinfluss einen eindrucksvollen Windflüchter-Habitus entwickelt.

Das folgende Kapitel stellt den Charakter von 40 unserer Baumarten vor: Es geht um ihre Wirkung, Besonderheiten, Eigenschaften und Verwendung. Die Unterteilung erfolgte in drei Gruppen: schnelllebige Baumarten mit einem Höchstalter von 80 bis 100 Jahren (Seite 30–53), mittelalte mit einem Höchstalter von 150 bis 350 Jahren (Seite 54–185) und langlebige mit einem Höchstalter von über 400 Jahren (Seite 186–241). Diese unterschiedlichen Maximalalter bedeuten ein wichtiges Merkmal für die Charakter-Eigenschaften der Bäume. Innerhalb dieser drei Gruppen sind die Baumarten nach ihrem deutschen Gattungsnamen in alphabetischer Reihenfolge angeordnet.

Schnelllebige Baumarten

Die schnelllebigen Baumarten erreichen meist nur ein maximales Alter von etwa 100, oft auch nur von 60 bis 80 Jahren. Das scheint wenig zu sein, ist aber Teil ihrer Strategie – schnell zur Stelle zu sein, wo es neue Flächen zu besiedeln gibt, rasch einen Bestand zu bilden und sich unmittelbar an die neue Situation anzupassen. So können diese »Pionier-Baumarten« durch kurze Generationszyklen besser auf Veränderungen reagieren. Damit tragen die Schnell- und Kurzlebigkeit entscheidend zum Charakter dieser Baumarten bei.

Sand- und Moor-Birke

Inbegriff des Frühlings

Es gibt keine anderen einheimischen Baumarten, die derart für Abwechslung und Heiterkeit in Stadt, Landschaft und Wäldern sorgen wie die Birken mit ihrer fast schneeweißen Rinde.

Die Sand-Birke (*Betula pendula*) entspricht noch mehr dem Bild des hellen Baumes als die Moor-Birke (*Betula pubescens*). Durch ihre leichte Krone dringt viel Licht hindurch und ihre Silhouette gleicht einer grünen Kaskade mit im Wind schwingenden Zweigen. Zudem haben die Birken eine schöne goldgelbe Herbstfärbung. Schon viele Künstler und Fotografen befassten sich mit den Birken. Bei Wind hört man aus ihrer Krone ein helles Sirren oder Zischeln.

Birken gehören gemeinsam mit Erlen und Hainbuchen zur Familie der Birkengewächse, für die Kätzchen und Nussfrüchte typisch sind. Die Sand-Birke war Baum des Jahres 2000.

Weißer Stamm und lichte Krone

Das Auffälligste an den Birken ist ihre Rinde. Sie erstrahlt in der Jugend und im mittleren Alter selbst in der dunkleren Jahreszeit in hellem Weiß. Und das ist kein Zufall. Auf diese Weise kann die Birke als frei stehender Baum die Oberflächen-Temperatur ihrer Rinde deutlich verringern. Da Weiß die auftreffende Strahlung gut reflektiert, wird so eine Überhitzung des empfindlichen Zellteilungsgewebes (Kambium) unter der Rindenoberfläche verhindert. Dies ist wegen der sehr dünnen Rinde auch wichtig.

Die weiße Farbe kommt durch den Farbstoff Betulin zustande, der ständig an die Oberfläche gelangt und die Rinde wasserundurchlässig macht. Ältere Rindenschichten, die sich außen befinden, lösen sich regelmäßig und für die Birke charakteristisch vom Stamm ab. Größere Flächen der Rinde rollen sich waagerecht ein und ringeln sich ab; das ist typisch für eine Ringelrinde. Darunter kommen immer wieder neue, schneeweiße

Rindenschichten zum Vorschein. Die Rinde der Sand-Birke ist heller und glänzt stärker als die vieler anderer Birken-Arten, was ihr auch den Namen Weiß-Birke eingebracht hat. Im Alter kann sie am Stammfuß eine dicke, dunkle Schuppenborke bilden.

Die dünne und glänzende Rinde führt dazu, dass man den Birkenstämmen ihre Lebensgeschichte im Detail ansehen kann. Jeder frühere Ast ist für lange Zeit durch die »Chinesenbärte« auf der Rindenoberfläche in seiner Lebensdauer, seiner Stärke und seinem Abgangswinkel eindeutig dokumentiert. Zudem bilden die Rindenporen (Lentizellen) markante, waagerechte, schwarze Striche auf der Rinde – je älter sie sind, desto länger der Strich.

Zum Charakter der Sand-Birke gehören die weiße Rinde, die hängenden Zweigspitzen und die schlanke Wuchsform.

In Bezug auf die Wuchsform unterscheiden sich Sand- und Moor-Birke: Die Zweige der Sand-Birke stehen im Vergleich zur Moor-Birke steiler, an den Spitzen hängen sie mähnenartig über, was der Art auch den Namen Hänge-Birke eingebracht hat. Bei manchen Varietäten steigert sich dieses Merkmal bis zu Trauerformen.

Birken können 20 bis 30 Meter hoch werden und einen Stammumfang von 2,50 Meter (selten drei Meter) erreichen. Ihr Höchstalter beträgt 80 (selten bis oder über 100) Jahre. Die Moor-Birke erreicht nicht ganz die Dimensionen und das Alter der Sand-Birken.

Verwechseln kann man die Sand-Birke bei uns nur mit der Moor-Birke. Wie die Namen bereits andeuten, kommen beide oft auf recht unterschiedlichen Standorten vor. Allerdings kann man sich darin nicht sicher sein, da es viele Ausnahmen gibt. Aber ein Blick auf die jungen Zweige schafft in der Regel Klarheit: Die einjährigen Triebe der Sand-

Birke sind kahl und durch kleine Harzdrüsen etwas klebrig (weshalb sie oft auch Warzen-Birke genannt wird). Die Triebe der Moor-Birke sind dagegen behaart und ohne Harzdrüsen.

Die Blätter der Moor-Birke sind unregelmäßig gesägt und unterseits zumindest in den Nervenwinkeln mit Achselbärten behaart, jene der Sand-Birke sind doppelt gesägt (die groben Blattrandzähne sind in sich nochmals gesägt) und unterseits (fast) kahl. Die Hauptnerven der Moor-Birken-Blätter sind blattunterseits deutlich fühlbar, die der Sand-Birke dagegen kaum. Bei Windstärke 4 hört man im Sommer aus der Krone ein sehr helles Sirren beziehungsweise Zischeln. Die Herbstfärbung der Birken ist oft rein goldgelb, was das Farbspiel in der Landschaft und in den Wäldern maßgeblich belebt.

Mit diesen Kennzeichen gelingt die Unterscheidung beider Birken-Arten ziemlich sicher. Zwar gibt es auch (selten) Bastarde zwischen beiden Arten, die aber aufgrund der unterschiedlichen Chromosomenzahlen beider Arten steril sind – sie können folglich keine Nachkommen hervorbringen.

Zahlreiche Früchte

Die Blüten stehen in Kätzchen, männliche und weibliche getrennt. Dabei überwintern die männlichen ungeschützt (sie sind daher schon im Juli des Vorjahrs zu finden). Die weiblichen erscheinen hingegen erst beim Austrieb im Frühjahr. Da Birken so früh austreiben, kommt es bereits im April zur Blüte, somit blühen Birken früher als viele andere Baumarten.

Die weiße Rinde der Sand-Birke weist Astnarben und Rindenporen auf.

Auf Schauapparate zum Anlocken von Insekten kann die Birke ganz verzichten, da sie vom Wind bestäubt wird und der Pollen – sehr zum Verdruss der von Heuschnupfen Geplagten – weithin durch die Luft verfrachtet wird. Daher kennen Allergiker den Blütezeitraum der Birke genau. Das ist der erste Grund, warum heutzutage Mitmenschen den Birken wenig Sympathie entgegenbringen.

Eine Moor-Birke mit ihren aufrechten Zweigspitzen wächst auf dem nassen Standort.

Ablehnung erfahren Birken ebenfalls wegen ihrer Früchte. Es sind winzige Nüsse mit zwei Flügeln, sogenannte Flügelnüsschen. Sie segeln ab August bis zum Herbst zu Millionen aus Birkenkronen herab. Diese große Zahl ist für eine Pionier-Baumart wie die Birke überlebensnotwendig. Sie bringt es aber mit sich, dass Birken in der Stadt zur häufigsten Streit-Baumart zwischen Nachbarn geworden sind. Birkenfrüchte können bei Wind bis zu mehrere Kilometer weit fliegen.

Birken entwickeln ein herzförmiges Wurzelsystem und im Oberboden ein sehr dichtes Feinwurzelgeflecht. Sie können viel Wasser verdunsten.

Besiedler schwieriger Standorte

Das Verbreitungsgebiet der Sand- und der Moor-Birke erstreckt sich fast über ganz Europa, mit Ausnahme des äußersten Südens (dem Mittelmeergebiet) und von Teilen Südost-Europas. Sand- und Moor-Birke sind Baumarten, die es im natürlichen Konkurrenzkampf gegen andere Baumarten schwer haben. Sie gelten als Inbegriff von Pionier-Baumarten und weisen fast alle deren charakteristischen Eigenschaften auf, die sie auf Seite 15 finden. Ganz typisch für Pioniergehölze wie die Birke ist ein sehr hoher Lichtbedarf – so hoch, dass die Birke sogar Schwierigkeiten hat, unter Artgenossen aufzuwachsen, obwohl sie eine der lichtesten Kronen unter den einheimischen Baumarten hat.

Ihre hohe Trockenheits-Toleranz führt dazu, dass an sanierungsbedürftigen Gebäuden häufig Sand-Birken wachsen, die den grauen abblätternden Putz etwas hinter ihrem frischen Grün verschwinden lassen. Birken wachsen in Dachrinnen und Mauerritzen, auch auf Felskuppen. Für die Wasserversorgung ist es allerdings wichtig, dass sich der Einzelbaum schon früh an die Verhältnisse anpassen konnte. Plötzliche Verschlechterungen des Wasserhaushaltes (etwa durch Baumaßnahmen in der Stadt oder Extremsommer) vertragen Birken sehr schlecht und sie können dann sogar absterben. In sehr trockenen Sommern werfen sie als eine der ersten Baumarten einen Teil ihrer gelb verfärbten Blätter ab, um ihre Verdunstungsfläche zu reduzieren.

Moor-Birken sind an ihre meist feuchten bis nassen Standorte gut angepasst, nehmen aber Veränderungen sehr übel. Sinkt der Wasserspiegel in einem Birkenbruch um einige Zentimeter, sterben die Birken ab, da sie flache Wurzelteller besitzen und ihre Wurzeln nicht unterhalb der Grundwasserlinie wachsen.

Ist allerdings genügend Wasser vorhanden, gehören die Birken zu den »Säufern«, also zu den Baumarten mit dem höchsten Wasserverbrauch und einem besonders intensiven Wurzelsystem. Das macht man sich im Landschaftsbau zunutze, indem man sie als »Wasserpumpe« zur Dränage feuchter Standorte einsetzt. Ein Baum kann an einem Tag bis zu 300 Liter Wasser verdunsten.

Birken sind besonders unempfindlich gegenüber Frost und Klima-Extremen, was auch ihr Vorkommen in ganz Europa, im hohen Norden sowie in den Hochlagen vieler Gebirge erklärt. Dies wird im Waldbau genutzt (siehe unten). Birken vertragen sogar Temperaturen unter –40 °C problemlos, da sie dann in ihren Zweigen Stärke in Öl umwandeln und so einen Wärmespeicher entwickeln, der beim Gefrieren Wärme freisetzt.

Die Pioniereigenschaften der Birke führen dazu, dass man auf großen Flächen zuerst Birkenreinbestände finden kann, besonders an sandigen Standorten oder nach Waldbränden. Die Sand-Birke ist daher im nordwest- und nordostdeutschen Tiefland eine von Natur aus wichtige Baumart, die eine natürliche Bewaldung einleiten kann. Dies hat sie gemeinsam mit den Kiefern auch nach den Eiszeiten getan (nach Strauchweiden und -birken). Anschließend wird sie rasch von anderen Baumarten be- und verdrängt. Dies gelingt leicht, weil die Birken einen so hohen Lichtbedarf haben. Moor-Birken können an nassen, nährstoffarmen Standorten dauerhaft Reinbestände bilden. Die Sand-Birke spielt als Trümmerbesiedler eine wichtige Rolle. Daher wird sie auch Stein-Birke genannt.

Sind Birken Unkraut?

In der Forstwirtschaft galten Birken lange Zeit als Unkraut und als Zeichen für faule Förster. Dazu mag beigetragen haben, dass junge Sand-Birken mit ihren elastischen Zweigen und dem dadurch möglichen Peitschen

Dieser Eichen-Birken-Wald erscheint besonders hell.

Die Sand-Birke leuchtet im Herbst mit ihren gelben Blättern.

bei Wind benachbarte Fichten und Kiefern so beschädigen können, dass deren Wipfeltrieb abstirbt. In der heute verbreiteten naturnahen Waldwirtschaft wird dies aber entspannt gesehen. Man lässt inzwischen sogar eine gewisse Anzahl von Birken in Mischbeständen absichtlich stehen oder fördert sie gezielt wegen ihrer ökologischen Vorteile. Denn ihre Blattstreu zersetzt sich gut, die lichten Kronen schaffen einen für viele andere Baum-, Strauch- und Krautarten günstigen Halbschatten, einen vorteilhaften Schutz gegen Spätfröste und einen wertvollen Lebensraum. Das Stamminnere von Birken wird in höherem Alter schnell faul. Der Birkenporling findet hier jedoch einen wichtigen Lebensraum. Pilzsammler wissen, dass Birken oft mit Fliegenpilzen, Birkenröhrlingen und Birkenpilzen vergesellschaftet sind. Diese leben in Symbiose an den Wurzelspitzen. Die daraus entstehende Mykorrhiza verbessert an armen Standorten die Nährstoffaufnahme durch die Birkenwurzeln.

Viele Schmetterlingslarven leben auf Birken, wie etwa die Raupen des Trauermantels. Bestimmte Blattwespenlarven und Blattkäfer-Arten sind sogar auf diese Baumgattung angewiesen. Man hat über 200 Insekten-Arten auf der Birke gefunden. Eine Vorliebe für Birken haben der Birken-Zeisig und das sehr seltene Birkwild.

Sehr schön und ökologisch besonders wertvoll sind die leider selten gewordenen Eichen-Birken-Wälder. Durch ihren ganz besonderen Lichthaushalt beherbergen sie eine spezielle Krautflora vieler lichtbedürftiger und seltener Arten sowie eigene Tiergemeinschaften. Sie weisen eine besonders hohe Artenvielfalt auf.

Nützlich, nahrhaft, gesund

Das Holz der Birke ist sehr hell, weich, elastisch und mittelschwer. Durch diese Eigenschaften eignet es sich zur Herstellung von Schlittenkufen, Felgen, Deichseln, Propellern, Holzschuhen, Trögen, Tassen und Löffeln sowie als Furnier für Küchen- oder Schlafzimmermöbel und für Vertäfelungen. Aus Birkenmaserholz lassen sich wunderbare Gebrauchsgegenstände und Schmuck herstellen. Es gibt Postkarten aus Birkenfurnier und Trinkbecher aus Birkenholz (in Finnland Kuksa genannt). Birke liefert das beste Kaminholz, unübertrefflich ist es vor allem zum Anmachen des Feuers. Diese Tatsache begünstigt in einigen Regionen, etwa in stadtnahen Wäldern, bis heute die Verwendung dieser Baumart.

Einträglicher als die Holznutzung war in manchen Ländern bis vor gar nicht so langer Zeit die Erzeugung von Birkensaft. In einzelnen Forstbetrieben der DDR wurden bis zur Wiedervereinigung in jedem Frühjahr Tausende von Birken »gemolken« und Zehntausende von Litern Birkensaft gewonnen.

Bohrt man im zeitigen Frühjahr eine Birke zwei bis vier Zentimeter tief an (oder wird sie ungewollt verletzt), tropft aus der Öffnung wochenlang eine klare Flüssigkeit heraus, der sogenannte Blutungssaft, der Mineralien und Zucker als Reservestoffe des Baumes enthält. Weil zu dieser Jahreszeit im Stamm ein Überdruck herrscht, tritt der Birkensaft ohne weitere Hilfsmittel aus. Man kann in jedem Frühjahr bis zu 50 Liter Flüssigkeit pro Baum ernten. Da der Überdruck im Stamm schlagartig mit dem Austreiben der Blätter nachlässt, ist die Produktion mit dem Erscheinen der Blätter beendet. Der Birkensaft wird nach verschiedenen Rezepten zu Wein, Limonade oder Haarwasser weiterverarbeitet.

Die weiße Rinde haben unsere Vorfahren als Papierersatz verwendet, indem sie die äußersten Rindenpartien vom Baum abgezogen haben. Da der Inhaltsstoff Betulin die Rinde witterungsfest macht, gibt es in Skandinavien Häuser, deren Dächer mit Birkenrinde gedeckt sind. Das Volk der Lappen fertigt daraus Umhänge und Schuhe, verwendet die Rinde für Kanus, und in Notzeiten kann man Mehl daraus herstellen und Pfannkuchen backen.

In der Heilkunde sind Birkenblätter nach dem deutschen Arzneimittelbuch ein anerkanntes Heilmittel. Sie werden als Teeaufguss genossen. Junge Birkenblätter kann man sehr gut in Wildsalate mischen oder in Quarkspeisen und Frühlingssuppen verwenden.

Was andernorts Eiche oder Linde sind, ist für Finnen und Russen die Birke, schließlich stehen in diesen Ländern überall Birken. Auch bei uns haben sie als beliebter Zierbaum im Siedlungsbereich eine große Bedeutung.

Feiern im Zeichen der Birke

Die Birke ist in der Mythologie der Inbegriff des Weiblichen, was sogar zu dem Namen Frauen-Birke geführt hat. Eine schlüssige Erklärung dafür fällt mir allerdings schwer. Aufgehängte Zweige am oder im Haus sollten früher vor Blitzeinschlag schützten.

Mit der Birke verbindet man Frühling, Frohsinn und Gesang, so wurde der Mai zum Birkenmonat, und daraus leitet sich ein weiterer deutscher Name ab, nämlich Mai-Birke. Übrigens ist der Maibaum oft eine Birke.

Birkengrün empfängt das Brautpaar an der Kirchenpforte und daheim an der Haustür (unbedingt beachten, sonst kann es böse Folgen haben). Und Heiratsanträge machen Kenner auch heute noch, indem sie der Angebeteten eine Birke vors Haus stellen. (Ob sie überhaupt weiß, was das bedeutet?) Festumzüge werden von Birkengrün gesäumt und Birken sind die beliebtesten Richtfestbäume.

Die schönsten Bilder mit Birken hat wohl der Worpsweder Jugendstilkünstler Heinrich Vogeler gemalt; Birken waren der Lieblingsbaum dieser Kunstepoche. In der Literatur kommt die Baumart regelmäßig bei Heidedichtern vor, etwa bei Hermann Löns. Familiennamen wie Pirchner und Birkheimer gehen auf die Birke zurück, ebenso viele Ortsnamen wie Birkigt, Pirken oder Birchau.

Beeren für die Vögel

Zierlich, licht, farbig – die Eberesche oder Vogelbeere wirkt schlichtweg zauberhaft. Ihre Schönheit spielt sie zu allen Jahreszeiten neu aus.

Im Frühjahr zeigt die Eberesche (*Sorbus aucuparia*) zunächst ihre zart gefiederten, hellgrünen Blätter, dann wenig später ihre großen weißen Blütendolden. Im Sommer sind daraus hellrote Fruchtstände geworden, die zahlreich an biegsamen Ästen hängen und im Wind schwingen. Im Herbst nehmen dann die Blätter eine warmbraune Tönung an, die sich bis Blutrot steigern kann. Nach dem Laubfall fällt erst so richtig die wunderbare Rinde ins Auge.

Den Charakter der Eberesche verdeutlichen die zierliche Größe und der Fruchtbehang im Spätsommer.

Die Eberesche gehört zur Familie der Rosengewächse. Das zeigen die Blüten mit ihren fünf Kelch- und fünf Kronblättern sowie einer Vielzahl von Staubblättern an. In dieser besonders artenreichen Pflanzenfamilie wird die Eberesche in die Unterfamilie der Apfelfrüchtigen eingeordnet, trägt also keine Beeren. Die Eberesche war 1997 Baum des Jahres.

Schmückend zu jeder Jahreszeit

Die Eberesche ist ein eher zierlicher Baum mit auffallend lichter Krone. Insbesondere in höheren Lagen wächst sie auch strauchförmig und bildet oberhalb von 900 Meter sogar eine eigene, dort nur noch strauchförmig wachsende Unterart.

Anfangs entwickelt sie eine hellgraue, glatte und glänzende Rinde (Typ Ringelrinde), im höheren Alter dann auch eine unregelmäßig längsrissige, schwärzliche Borke. Der Stamm erreicht Umfänge von bis zu

1,25 Meter (sehr selten zwei Meter). Die maximale Baumhöhe beträgt etwa 15 bis 20 Meter bei einem Höchstalter von 80 (selten 100) Jahren.

Die Blätter der Eberesche sind unpaarig gefiedert mit neun bis 15 Fiederblättchen. Gefiederte Blätter bestehen aus einem Stiel (der Spindel) und den Fiederblättchen. Sie sind ökologisch als »Wegwerftriebe« zu interpretieren, da sich der Baum im Herbst mit den Blattspindeln der feinsten Verzweigungsordnung entledigt – die Blattspindel kann während der Vegetationsperiode Fotosynthese betreiben, muss aber nicht frosthart gemacht werden. Bei Windstärke 4 hört man im Sommer aus der Krone ein helles Säuseln beziehungsweise Rascheln. Die orangegelbe bis tiefrote Herbstfärbung leuchtet attraktiv.

Die weißen Blüten, die die Eberesche bereits mit einem Alter von fünf bis sechs Jahren ausbildet, sind zu breiten doldenartigen Blütenständen aus 200 bis 300 Einzelblüten vereinigt. Jedes Jahr blühen Ebereschen sehr reich im Mai (im Gebirge auch später). Der Geruch der Blüten lockt eine große Zahl verschiedener Insekten an, die die Bestäubung besorgen und dafür durch reichlich Nektar belohnt werden. Danach erfolgt die Fruchtreife im August bis Oktober. Die knallroten Früchte erfreuen im Spätsommer durch ihre Strahlkraft.

Die Eberesche besitzt einen doldenartigen Blütenstand.

Die Eberesche bildet ein Senkerwurzelsystem aus. Von weit und flach streichenden Hauptwurzeln reichen zahlreiche starke Nebenwurzeln senkrecht nach unten, aus Wurzelbrut entwickeln sich viele neue Jungbäume.

Tolerant in Bezug auf Klima und Standorte

Das natürliche Verbreitungsgebiet der Eberesche erstreckt sich über ganz Europa. Dabei kommt ihr zugute, dass sie in klimatischer Hinsicht besonders tolerant ist, was sich auch in ihrer Höhenverbreitung bemerkbar macht. So findet man sie von der Tiefebene bis in die Gebirge, ja sogar über die Waldgrenze hinaus – in Tirol bis auf 2400 Meter. Sie ist die einzige Baumart, die bei sehr niedriger jährlicher Wärmesumme noch ein zufriedenstellendes Wachstum zeigt. Sicherlich kommt ihr dabei zugute, dass sie nach dem Laubfall mit ihrer grünen Rinde weiter Fotosynthese betreiben

Die Eberesche gedeiht im Gebirge unter extremen Witterungsbedingungen mit Eisanhang bei –25 °C.

kann. Außerdem ist sie im Gegensatz zu vielen anderen Baumarten nicht auf Mykorrhiza-Pilzpartner im Wurzelraum angewiesen. So gehört sie zu den Laubbäumen, die am weitesten im Norden vorkommen.

Hinsichtlich der ihr zusagenden Standorte ist die Eberesche außerordentlich variabel. Sie kommt zwar am häufigsten auf nährstoffarmen, humosen und lockeren Lehmböden vor, kann jedoch genauso Torfböden, Felsen und Kalkböden besiedeln. Aufgrund ihrer hohen Resistenz gegen Immissionen hat sie in den stark von Waldschäden betroffenen Gebieten, etwa den Hochlagen der Mittelgebirge, als Aufforstungs-Baumart große Bedeutung erlangt und ist dort der Baum der Hoffnung geworden.

Diese Pionier-Baumart bevorzugt lichte Standorte und ist nur in der Jugend schattentolerant. Sie erreicht jedoch nur eine geringe Höhe und ein begrenztes Alter, woraus sich ihre Konkurrenzschwäche ergibt. Daher wird sie in geschlossenen Beständen stets an die Waldränder verdrängt. In

Die farblich attraktiven Früchte der Eberesche haben große Bedeutung als Vogelnahrung.

den Verjüngungsstadien anderer Baumarten spielt die Eberesche aber als sogenannte Vorwald-Baumart eine wichtige Rolle. Hier sorgt sie für einen Frostschutz nachwachsender Buchen oder Eichen. Heutzutage werden natürlich auftretende Pionier-Baumarten wie die Eberesche verstärkt in junge Waldbestände einbezogen, das bedeutet einen wichtigen Schritt zur naturnahen Waldbewirtschaftung.

Liebling der Singvögel

Besonders groß ist der ökologische Nutzen der Eberesche. Ihre Früchte sind die Lieblingsnahrung vieler Singvögel, vor allem wenn im Spätherbst die Insekten fehlen. Die Früchte bleiben bis in den Winter hinein am Baum hängen. Ihre große Zahl und auffällige Farbe lockt die verschiedensten Vögel an, etwa Amseln, Drosseln, Stare, Eichelhäher, auch Birk- und Auerhühner. Aber auch Fuchs, Dachs und Nagetiere nehmen die Früchte auf und fördern damit gleichzeitig sehr effektiv die Verbreitung der Eberesche. Die unverdauten Samen werden nämlich wieder ausgeschieden. Dadurch kann es zu einer Ausbreitung über mehrere Kilometer hinweg kommen. Wächst eine Eberesche in Mauerritzen, Dachrinnen, Felsspalten oder in alten Baumstümpfen, rührt dies oft von verschleppter Nahrung her.

Ihrer Bedeutung als Vogelnahrung verdankt die Eberesche ihren zweiten deutschen Namen »Vogelbeere«. Die Vögel haben diese Baumart so sehr geschätzt, dass dies ihnen sogar zum Verhängnis werden konnte. Unsere Vorfahren benutzten die Früchte nämlich früher als Lockmittel für den Vogelfang. So ist auch der lateinische Namensteil *aucuparia* darauf zurückzuführen: Er leitet sich von »avis capere«, also »Vögel fangen«, ab.

Das Holz der Eberesche zeigt einen hellbraunen Kern, die Jahrringe sind deutlich zu erkennen. Es ist relativ schwer und hart, zugleich aber biegsam und elastisch, es schwindet nur wenig. Ebereschenholz wird heute für Drechsler- und Schnitzarbeiten, Kunstgegenstände und zunehmend als Möbelholz genutzt. In jüngerer Zeit steigt die Nachfrage deutlich an, da man erkannt hat, dass eine Verwendung für Tischlerei und Möbelindustrie ohne Einschränkung möglich ist. Die Qualität liegt teilweise sogar über der von Eiche.

Verkanntes Obst mit hohem Wert

Vielen ist die Eberesche wegen ihrer Heilkräfte bekannt: Blätter und Blüten haben eine positive Wirkung als Tee bei Husten, Bronchitis und Magenverstimmungen. Den Früchten haftet nach wie vor ein schlechter Ruf an: Ein Vogelbeer-Marmeladenbrot hört sich für manche fast wie eine Giftattacke an. Das Gerücht von der verheerenden Giftigkeit der Vogelbeere hält sich hartnäckig. In kleinen Mengen genossen und richtig verarbeitet sind Vogelbeeren aber nicht giftig – ganz im Gegenteil: Sänger und Redner nutzten Vogelbeeren, um ihre Stimmbänder geschmeidig zu halten. Und auf längeren Wanderungen können Sie frische Beeren als allgemein stärkendes Mittel in kleinen Mengen kauen: Drei bis fünf verteilt über fünf Stunden regen die Herztätigkeit an, wirken durstlöschend und schweißmindernd.

Gesammelt werden die Früchte erst nach dem ersten Frost. Man sollte dabei aber die Vögel nicht vergessen und daher immer welche hängenlassen. Der vielfältige Nutzen der Früchte spielt insbesondere in den Mittelgebirgen eine Rolle, da in den dortigen Höhenlagen ein Obstanbau aufgrund des rauen Klimas kaum noch möglich ist. So verwundert es nicht, dass gerade von dort eine Vielzahl von Vogelbeeren-Rezepten überliefert ist.

Geröstet wurden Ebereschen-Früchte als Kaffee-Ersatz genutzt, getrocknet als Ersatz für Rosinen dem Weihnachtsstollen zugesetzt. Bis heute setzt man sie zu Likören auf oder brennt daraus Schnaps. Auch zu Kompott, Marmelade und Gelee können die Früchte verarbeitet werden. Die Marmelade sollte bei keinem Katerfrühstück fehlen.

Ein Hauptnutzen der Eberesche liegt auch noch heute in ihrer Verwendung als Zierbaum. Für Gärten ist sie aufgrund ihrer reichen Blütenpracht im Frühjahr, der vielen scharlachroten Früchte, die bis spät in den Winter hinein am Baum bleiben, und auch wegen der schönen Herbstfärbung der Blätter besonders geeignet. Wer eine Eberesche im Garten pflanzen möchte, sollte auf eine süß schmeckende Auslese achten. Schon nach fünf Jahren wird man in jedem Herbst mit Zutaten für leckere Marmelade beschenkt.

Baum des Lebens

Die Eberesche hat eine tief verwurzelte mythologische Vergangenheit, war sie doch dem germanischen Gewittergott Donar geweiht. Wir wissen, dass die alten Druiden ihren Zauberstab aus Ebereschenholz herstellten. Orakel- und Gerichtsplätze wurden mit Ebereschen umgeben. Die Schönheit und Grazie dieses Baumes hat die keltischen Priester inspiriert, sie zum Baum des Lebens zu machen. Sie haben aus der Reihe der ersten sich belaubenden Bäume im Frühjahr die Eberesche ausgesucht und sie zum Symbol des Wiedererwachens nach der toten Winterzeit gemacht. Im Volksmund hieß es außerdem, dass nach einem reichen Fruchtansatz an Ebereschen eine gute Getreideernte und ein strenger Winter folgen.

Der deutsche Name leitet sich ab von »Aberesche«, sprich falsche Esche (die Blätter ähneln denen der Esche sehr). Der Name bedeutet somit: Sie hat zwar die gleichen Blätter wie die Esche, ist aber ein anderer Baum. In alten Kräuter- und Botanikbüchern rechnete man die Eberesche sogar zur gleichen Familie wie die Esche. Übrigens wird im Erzgebirge jedes Jahr eine Vogelbeer-Königin gekürt.

Laubbaum mit durchgehendem Stamm

Nasse Füße und ein Wuchs wie ein Nadelbaum machen den Charakter der Schwarz-Erle aus. Sie fällt mit ihrem bis in den Wipfel durchgehenden Stamm auf, der unter den Laubbäumen ziemlich einmalig ist.

Schwarz-Erlen (*Alnus glutinosa*) treten oft zu vielen auf – als Reihen, die sich durch die Landschaft ziehen, oder in Beständen, und dann ist das Wasser meist nicht weit. Zudem reichern Schwarz-Erlen den Boden mit Stickstoff an und werfen schon im Sommer viele grüne Blätter ab, was Anlass zur Vermutung geben könnte, die Bäume seien krank. Dies ist aber eine ganz natürliche Erscheinung, die nachfolgend erklärt wird.

Charakter der Schwarz-Erle mit bis in den Wipfel durchgehendem Stamm und Gruppen-Vorkommen an einem Fließgewässer.

Die Schwarz-Erle gehört wegen ihrer Kätzchen und Nussfrüchte zusammen mit Birke und Hainbuche zur Familie der Birkengewächse. Die Schwarz-Erle war Baum des Jahres 2003.

Wuchs wie eine Fichte

Von Weitem könnte man die Schwarz-Erle mit einer Fichte verwechseln (hätte sie keine Laubblätter) – keine andere einheimische Laubbaum-Art hat eine so auffallende Wuchsform mit bis in die Kronenspitze gerade durchlaufendem Stamm. In manchen Regionen wird sie deshalb auch als »Fichte der Täler« bezeichnet. Zum deutschen Namen der Schwarz-Erle hat die im Alter zerklüftete, dunkle Schuppenborke geführt.

Der Stamm der Schwarz-Erle erreicht Umfänge von maximal drei Meter (selten fünf Meter) und Höhen bis zu 35 Meter. Der wichtigste Nachteil gegenüber Konkurrenten ist ihr relativ geringes Höchstalter von nur maximal 80 (selten 100) Jahren.

Unverwechselbar wird diese Erlen-Art durch ihre Blätter, bei denen die Spitze fehlt. Im Herbst trocknen die Blätter am Trieb etwas ein, bleiben grün und werden dann abgeworfen. Auffällig ist der bereits im Frühsommer einsetzende grüne Blattfall, der bis zur Hälfte aller Blätter betreffen kann. Es handelt sich aber nicht etwa um ein Schadsymptom, wie bisweilen zu lesen ist, sondern um eine eindrucksvolle Folge des extrem hohen Lichtbedarfs dieser Baumart. Die ersten und untersten Blätter der Jahrestriebe werden von den später erscheinenden, oberhalb befindlichen so sehr beschattet, dass sie nicht mehr überleben können. Bei Windstärke 4 hört man im Sommer aus der Krone ein klapperndes Zischeln.

Die Schwarz-Erle erreicht ihr Blühalter schon mit weniger als zehn Jahren. Die unscheinbaren Blüten sind windbestäubt und eingeschlechtig, es kommen beide Geschlechter auf einem Baum vor. Sowohl die männlichen als auch die weiblichen Kätzchen überdauern den Winter ungeschützt und sind schon ab Sommer des Vorjahres sichtbar. Dabei gehört die Schwarz-Erle zu den im Jahreslauf am frühesten blühenden einheimischen Baumarten – von Heuschnupfen Geplagte wissen das.

Ein Laubbaum mit Zapfen

Während die Früchte heranreifen, verholzt der Fruchtstand und wird – für einen Laubbaum ungewöhnlich – zu einem Zapfen. Die jedes Jahr zahlreich gebildeten winzigen Nussfrüchtchen haben Auswüchse, die luftgefüllt sind und als Schwimmpolster dienen. Sie fallen vom Herbst bis zum

Zapfen sowie männliche und weibliche Blütenstände stehen an der Schwarz-Erle im zeitigen Frühjahr.

Frühjahr aus den Zapfen, werden vom Winde verweht oder mit dem Wasser verbreitet. Darin bleiben sie bis zu zwölf Monate lang lebensfähig. Die Wasserverbreitung ist sehr effektiv. Nicht nur lassen sich größere Entfernungen überwinden, sondern die Wahrscheinlichkeit ist auch groß, einen gut wasserversorgten Rohboden zu finden.

Die Schwarz-Erle entwickelt ein sehr tief reichendes Herzwurzelsystem, dessen Bezeichnung von der Form herrührt. Es dringt auch in ganzjährig vom Grundwasser beeinflusste Bodentiefen vor. Die dadurch erschwerte Luftversorgung der Wurzeln wird durch auffallend große Öffnungen in der Rinde (Lentizellen) und durch Luftkanäle im Holz sichergestellt, die sich an der Stammbasis und an den oberflächennahen Wurzeln befinden. Erst eine lange Überschwemmung auch des Stammfußes kann zum Absterben der Erlen führen – oder eine lange Phase der Austrocknung.

Der Reinbestand an Schwarz-Erlen im Erlenbruch veranschaulicht das typische Vorkommen auf nassem Standort.

Als eine weitere Besonderheit besitzt die Erle Wurzelknöllchen. Das sind Anschwellungen der Wurzeln von Stecknadelkopfgröße bis zur Größe eines Apfels. Sie beherbergen Bakterien, die den Luftstickstoff binden. So kann sich die Erle mit diesem wichtigen Nährstoff direkt aus der Luft selbst versorgen. Die Mikroorganismen arbeiten in den Wurzelknöllchen besonders effektiv, da sie vom Wirtsbaum mit Zuckerlösung aus der Fotosynthese ihrer Blätter versorgt werden. Die Erle investiert also einen Teil ihres Energiegewinns, um sich von der Stickstoffversorgung aus dem Boden weitgehend unabhängig zu machen; sie lebt in Symbiose mit den Knöllchenbakterien. Bedenkt man, dass die Luft zu 78 Prozent aus Stickstoff besteht, lässt sich erahnen, welches bedeutende Potenzial sich damit der Erle eröffnet. Daher hat es die Erle auch nicht nötig, vor dem Laubfall die Inhaltsstoffe aus den Blättern abzuziehen. Was zur Folge hat, dass die Blätter grün abfallen. Die dementsprechend sehr stickstoffreiche Laubstreu ist bereits im späten Frühjahr des Folgejahres vollständig verschwunden, da sie eine willkommene Energiequelle für abbauende Organismen darstellt.

Pionier auf nassen Standorten

Die Schwarz-Erle ist in fast ganz Europa heimisch. Sie gilt als Baumart der tiefen Lagen, steigt aber auch bis in mittlere Gebirgslagen auf. In Deutschland finden sich größere zusammenhängende Bestände nur noch in der nordostdeutschen Tiefebene, etwa im Spreewald südlich von Berlin und in Mecklenburg-Vorpommern.

Die Schwarz-Erle besitzt wie keine andere heimische Baumart die Fähigkeit, nasse Standorte zu besiedeln, und wird aufgrund ihrer Konkurrenzschwäche auf diese Standorte verdrängt, wo sie sich als Überlebenskünstlerin erweist. Möglich wird ihr das wegen ihrer zuvor beschriebenen Fähigkeit des Lufttransportes in die Wurzeln. Dadurch bildet sie die natürliche Nässegrenze des Waldes und ist eine typische Pionier-Baumart auf nassen Standorten, wo sie auch zur Dauer-Baumart wird.

Konkurrenzlos herrscht die Schwarz-Erle daher im sogenannten Erlen-Bruchwald, der sich dadurch auszeichnet, dass der Grundwasserstand ganzjährig sehr hoch ist und nur wenig schwankt. Der Boden bleibt fast immer nass und wird im zeitigen Frühjahr (beispielsweise während der Schneeschmelze) meist überschwemmt, wobei im Gegensatz zu Auenwäldern aber keine Nährstoffe zugeführt werden, da das Wasser nicht fließt. Bach-Erlen-Eschen-Wälder zählen hingegen zu den Auenwäldern. Diese begleiten viele Fließgewässer, werden regelmäßig überschwemmt und dabei mit Nährstoffablagerungen aus dem Fluss versorgt. Obwohl die Erle dort ihr bestes Wachstum zeigt, muss sie sich diese Standorte aber mit der Esche teilen.

Die verbliebenen, von der Schwarz-Erle beherrschten, vom Grundwasser beeinflussten Bruchwälder gehören zu den Waldgesellschaften mit der höchsten Anzahl seltener und gefährdeter Pflanzen- und Tierarten. Die erlenreichen Wälder sind in ihrem Bestand allesamt leider stark zurückgegangen. Als Gefährdungsursache dieser Lebensräume gelten im Wesentlichen Entwässerungsmaßnahmen – das kann man sogar heute noch sehen. So überrascht es nicht, dass diese Waldgesellschaften in den Roten Listen gefährdeter Biotoptypen auftauchen.

Die Schwarz-Erle bietet Lebensraum für über 150 Insekten-Arten (alleine 75 Schmetterlings-Arten), über 50 Vogel-Arten und über 70 Großpilz-Arten. Interessant anzusehen ist der Erlenrüssler, wunderschön der Blaue Erlenblattkäfer, der allerdings Kahlfraß verursachen kann. Die Früchte der Schwarz-Erle, die als »Wintersteher« sehr lange am Baum verbleiben, dienen in dieser Jahreszeit vielen Vogel-Arten als wichtige Nahrungsquelle, etwa dem Erlenzeisig und dem Stieglitz.

Dauerhaftes Holz im Wasser

Das Erlenholz lässt keinen farblich abgesetzten Kern erkennen, die Jahrringe treten kaum hervor. Die auffallend tiefrote Färbung der frischen Schnittflächen nach dem Fällen hat zu der Legende geführt, dass Erlen »bluten«. Die Rotfärbung entsteht durch Sauerstoff-Reaktion von Zellinhaltsstoffen. Das Holz wird als Massivholz in der Kunst- und Möbeltischlerei eingesetzt, aber auch zu Furnieren verarbeitet, da es eine sehr feine Zeichnung aufweist und sich zudem leicht färben und beizen lässt. Es wird bisweilen wegen seines rötlichen Farbtons als »Kirschbaum« verwendet, in dieser Hinsicht muss man beim Möbelkauf vielleicht nachfragen. Auf den nassen Standorten sollte ein Wintereinschlag nur bei Bodenfrost stattfinden, im Spreewald erfolgt der Abtransport über das Wasser in Booten.

In Wasser verbaut zeigt Erlenholz eine besonders große Dauerhaftigkeit und wird daher gerne für Wasserbauten, Mühlenbalken, Wasserleitungsröhren und Stalldielen verwendet. Halb Venedig steht auf Erlenpfählen (die andere Hälfte auf Eichenpfählen).

Die Schwarz-Erle besitzt Potenzial für die Ingenieurbiologie, mit ihren Wurzeln unter Mittelwasser und der Nässetoleranz.

Anpflanzungen von Schwarz-Erlen werden in der Ingenieurbiologie gerne zum Schutz vor Erosion an Flussufern eingesetzt. Sie dienen mit ihrem intensiven Wurzelwerk, das auch unter die mittlere Grundwasserlinie reicht, der dauerhaften Uferbefestigung von Bächen und Flüssen. Dabei ist aber ihr hoher Lichtbedarf zu berücksichtigen.

Bis ins 18. Jahrhundert fing man Mücken mit aufgehängten jungen, noch klebrigen Erlenzweigen. Erlenpräparate aus Blättern, Rinde oder Zweigen galten in der Heilkunde als fiebersenkend, schmerzlindernd und entzündungshemmend. Auch Haarspülungen und Gesichtswasser wurden aus den Blättern hergestellt.

Unheimlich durch den Wuchsort

Am Haus oder in der Wohnung aufgehängte Erlenzweige sollten früher vor Krankheiten schützen. Vieles in der Mythologie, was um die Schwarz-Erle entstanden ist, hat damit zu tun, dass sie vorzugsweise auf nassen, sumpfigen Standorten vorkommt. Daher war sie den Menschen seit jeher etwas unheimlich. (Wehe dem, der auf ihre Irrlichter hereinfiel ...) In einer Erlenlandschaft soll es Hexen mit Haaren so blutrot wie das frisch gefällte Erlenholz gegeben haben.

Ein neuartiges Erlensterben tritt seit 1993 auf. Dadurch können ganze Erlenbestände innerhalb weniger Jahre absterben. Anzeichen dafür sind fleckige schwarzbraune Verfärbungen am Wurzelanlauf und am unteren Stammbereich. Verursacher ist ein winzig kleiner pilzähnlicher Mikroorganismus, dessen Sporen sich mit Hilfe von Geißelhaaren aktiv im Wasser ausbreiten und in die Erle eindringen können. Inzwischen stellt sich die Situation wieder entspannter dar, da es doch eine größere Anzahl resistenter Bäume gibt.

Die besonders gerbstoffreichen Blütenstände sowie die Rinde der Erle wurden zum Gerben von Leder und zum Färben von Wolle genutzt, die Zapfen auch zur Herstellung von schwarzer Tinte und für Frühlingsgestecke.

Der viel verwendete deutsche Name Rot-Erle geht auf die beschriebene rötliche Verfärbung des saftfrisch geschnittenen Holzes zurück. Er ist jedoch abzulehnen, da er zu Verwechslungen mit der in Nordamerika heimischen »richtigen« Rot-Erle (*Alnus rubra*) führt. Weitere im deutschsprachigen Raum gebräuchliche Bezeichnungen der Schwarz-Erle sind Eller oder Else. Orts- und Flurnamen, die auf die Schwarz-Erle zurückgehen, sind beispielsweise Irlach und Ellern.

Mittelalte Baumarten

Die Baumarten mit mittlerer Lebenserwartung können 150 bis 350 Jahre alt werden. Sie stellen die größte Gruppe dar und stehen mit ihren vielen interessanten Charaktereigenschaften zwischen den schnell- und den langlebigen Baumarten. Viele sind Übergangs-Baumarten, aber auch Pionier- und Klimax-Baumarten gehören dazu. Unter ihnen befinden sich fast alle häufigen Wald- und Stadtbäume.

Berg-, Feld- und Spitz-Ahorn

Farbgeber in der Stadt

Die drei wichtigsten einheimischen Ahorn-Arten haben alle das typische gefingert gelappte, lang gestielte Blatt, unterscheiden sich aber in vielerlei Hinsicht deutlich.

Die Ahorne gehören seit Kurzem zusammen mit der Rosskastanie zur Familie der Seifenbaumgewächse. Die verwandten Arten weisen bestimmte Ähnlichkeiten im Blütenaufbau auf (wie etwa den Ausfall von Staubblättern).

Der Berg-Ahorn (*Acer pseudoplatanus*) wird gelegentlich als Rübezahl unter den Bäumen bezeichnet. Verantwortlich dafür sind sein bevorzugtes Auftreten in den (Mittel-)Gebirgen sowie das etwas zottige Aussehen seiner im Alter oft bunten und mit Moosen und Flechten bewachsenen Schuppenborke. Am schönsten kommt dies in feuchten Tälern zum Ausdruck, wenn um den Baum herum noch ein paar große Felsbrocken liegen.

Der Spitz-Ahorn (*Acer platanoides*) gibt das Signal für den Frühling mit seiner frühen, auffällig gelbgrünen Blüte noch vor dem Blattaustrieb. Und im Herbst hat er die spektakulärste Blattfärbung aller einheimischen Baumarten. Besonders häufig kommt er in Städten vor, wo er sich sehr wohl fühlt und auf seine Weise zweimal im Jahr mit reichlich Farbe auf sich aufmerksam macht.

Der Berg-Ahorn besitzt eine bunte Schuppenborke.

Der kleine Bruder Feld-Ahorn (*Acer campestre*) erscheint dagegen viel zierlicher und unauffälliger; er wächst gerne mehrstämmig. Seine kleinen Blätter mit abgerundeten Lappen sehen einfach hinreißend aus, besonders wenn man gegen das Sonnenlicht die feinen Wimpern am Blattrand sieht. Im November dreht er dann plötzlich auf mit goldgelber Herbstfärbung und wird zum Hingucker, spä-

Der Spitz-Ahorn (Bildmitte hinten) gilt als Frühlingsbote.

ter als die meisten anderen Baumarten. Oft nehmen wir das Gehölz, das meist an Waldrändern oder in lichten Wäldern und Parkanlagen steht, nur oder erst dann überhaupt wahr. Der Berg-Ahorn war 2009 Baum des Jahres, der Spitz-Ahorn war es 1995, der Feld-Ahorn 2015.

Große und kleine Bäume

Berg- und Spitz-Ahorn unterscheiden sich durch ihre Größe deutlich vom Feld-Ahorn, der viel kleiner bleibt und oft strauchförmig wächst. Die Zweige des Feld-Ahorns tragen oft (aber nicht immer) auffällige Korkleisten und haben sehr kleine Knospen. Die viel größeren grünen Knospen des Berg-Ahorns stehen vom Spross ab, die großen braunen des Spitz-Ahorns liegen an. Im Frühjahr kann es bei allen drei Ahorn-Arten zum »Bluten« aus abgeschnittenen Ästen und verletzter Rinde kommen. Dieser Frühjahrssaft wird für Ahornsirup genutzt. Er tritt bei Verletzungen ab März bis zum Austriebzeitpunkt aus und schmeckt süßlich.

Die Rinde aller drei Arten, vor allem des Berg-Ahorns, kann im Alter dicht mit Moosen und Flechten bewachsen sein. Alte Berg-Ahorne entwickeln eine auffällige Schuppenborke, die ein fantastisches Formen- und

Der Charakter des Berg-Ahorns im Gebirge wird bestimmt von zottiger Krone und bunter Borke.

Farbspiel von Gelb bis Dunkelbraun und Grün zeigt. Davon kommt der Beiname *pseudo-platanus*, was so viel bedeutet wie »sieht aus wie eine Platane«, und diese ist wegen ihrer farbenfrohen Schuppenborke in der Stadt sehr beliebt. Die ältesten Schuppen sind dunkel, und wenn sie schließlich abfallen, kommen ganz helle Bereiche zum Vorschein. Der Spitz-Ahorn hingegen entwickelt im Alter eine graue Netzborke, der Feld-Ahorn eine unauffällige kleinfeldrige Schuppenborke.

Der Berg-Ahorn kann ein Höchstalter von 300 Jahren erreichen (im Gebirge 500 Jahre), Stammumfänge von über vier Meter sind keine Seltenheit, das Maximum liegt bei sieben bis neun Meter. Der Spitz-Ahorn wird maximal 200 bis 250 Jahre alt und kann vier bis fünf Meter Umfang erreichen. Der Feld-Ahorn wird 150 bis 200 Jahre alt, mit Stammumfängen von maximal drei bis vier Meter.

Typische Blätter

Der Umriss des handförmigen Ahornblattes ist allgemein bekannt. Die gegenständigen fünflappigen Blätter sehen – typisch für einen Ahorn – aus wie »am Stiel ausgestreckte Blätterhände«, von denen uns bei Wind einige zuwinken. Aber sie unterscheiden sich deutlich: Beim Berg-Ahorn sind die Blattlappen nicht so deutlich zugespitzt wie beim Spitz-Ahorn, sondern stumpfer, beim Feld-Ahorn sind sie viel kleiner, noch stumpfer und am Rand bewimpert.

Der Blattstiel enthält bei Spitz- und Feld-Ahorn Milchsaft, er tritt beim Ankneifen des Blattstiels aus. Im Austrieb sind die jüngsten Blätter zunächst oft auffällig rot gefärbt und damit sehr dekorativ. Bei Windstärke 4 hört man im Sommer aus der Krone ein säuselndes Zischeln. Die Herbstfärbung des Spitz-Ahorns fällt mit Gelb-, Orange- und Rottönen spektakulär aus, Berg- und Feld-Ahorn liefern immerhin ein Feuerwerk von warmen Gelbtönen.

An Schattenzweigen kann man oft sehr ungleich große Blätter beobachten: Die nach unten gerichteten sind viel länger gestielt und größer als die am Spross gegenüber nach oben gerichteten. Damit versuchen die Blätter, außen mehr Licht abzubekommen.

Der Spitz-Ahorn ist einer der frühen und auffälligen Frühlingsboten ab Ende März, denn seine leuchtend grüngelben Blütenstände erscheinen vor den Blättern. Die unauffälligeren Blüten von Berg- und Feld-Ahorn öffnen sich erst deutlich später, zusammen mit den Blättern im April/Mai. Die Blüten sind zwittrig, oft werden aber in der Krone bei einzelnen Blüten die männlichen oder weiblichen Anlagen der Einzelblüten unterdrückt, sodass sie fast eingeschlechtig sein können. Sie haben je fünf gelbgrüne Kelch- und Kronblätter und werden von Insekten wie Bienen und Fliegen bestäubt, die den Nektar vom scheibenförmigen Blütenboden aufnehmen. Von den ursprünglich zehn Staubblättern sind zwei ausgefallen, sodass es immer acht sind.

Die Früchte des Ahorns klemmen sich Kinder gern auf die Nase. Die Flügelnüsse tragen einen langen Flügel, der die Fallgeschwindigkeit verringert und sie beim Herabfallen ins Trudeln bringt (man spricht vom Drehschraubenflieger). Dadurch kann sie der Wind bis zu 125 Meter weit vom Mutterbaum verfrachten, auf vereistem Schnee im Gebirge auch bis einen Kilometer weit.

Die Flügelnüsschen sind am Baum immer zu zweit miteinander verbunden, die Flügel bilden beim Berg-Ahorn einen spitzen bis rechten Winkel (sieht wie ein »Berg« aus), beim Spitz-Ahorn einen stumpfen Winkel (eher wie ein »Hügel«), beim Feld-Ahorn stehen sie fast parallel in einer Linie (wie ein »Feld«). Alle drei Arten produzieren jährlich reichlich Früchte, dadurch können sie sich schnell und massiv ausbreiten.

Die Wurzeln reichen bis in zwei Meter Tiefe, sie erschließen den Oberboden intensiv und entwickeln ein Herzwurzelsystem.

Hohe Vermehrungsrate

Die Verbreitungsgebiete der drei Baumarten erstrecken sich über Mittel-, Ost- und Südeuropa. Über die natürliche Nordgrenze der drei Ahorn-Arten wird noch diskutiert. Es gibt Nachweise, dass sie nahe der nordwestdeutschen Küste vor 500 Jahren noch unbekannt waren. Der Berg-Ahorn bevorzugt mehr die feuchten, kühlen Höhen, er wächst in Mischbeständen mit Buchen, Tannen und Fichten. Im Harz und im Erzgebirge kommt er bis in 900 Meter Höhe vor, in den Zentral- und Ostalpen bis in 2000 Meter Höhe. Damit steigt er höher als die meisten anderen Laubbäume. Spitz- und Feld-Ahorn kommen vor allem im Tief- und Hügelland vor. England hat der Feld-Ahorn von selbst erreicht, Berg- und Spitz-Ahorn hingegen haben sich erst von Anpflanzungen durch den Menschen aus ab dem 15. Jahrhundert dort verbreitet.

In der Jugend sind alle drei Arten sehr schattentolerant (fast wie die Buche). Sie wachsen demnach auch unter den Kronen anderer Bäume recht gut. Im Alter benötigen sie bald mehr Licht, Spitz- und Feld-Ahorn brauchen dann unbedingt volle Sonne. Spitz- und Feld-Ahorn sind Übergangs-Baumarten, der Berg-Ahorn ist eine Klimax-Baumart. Ihre Frosthärte erreicht −30 °C, nur in der Jugend sind die Ahorn-Arten etwas empfindlicher, vor allem gegenüber Spätfrösten im Mai.

Aufgrund ihrer alljährlich reichlichen Fruchtproduktion können sich dichte Naturverjüngungen mit Ahornen bilden (man spricht von »Verahornung«). Das kann in Gärten und Parkanlagen gelegentlich etwas lästig werden. An solchen Stellen tritt das Oskar-Syndrom auf: Es bezeichnet die Situation, dass junge Ahorne im tiefen Bestandsschatten auf mehr Licht warten und dann im Wachstum stagnieren, wenn sie etwa ein bis zwei Meter groß sind. Diese Bezeichnung bezieht sich auf den Jungen Oskar in der »Blechtrommel« von Günter Grass, dessen Schicksal es ist, nicht mehr weiterzuwachsen.

Der Berg-Ahorn benötigt eine gewisse Feuchtigkeit, die im (Mittel-) Gebirge immer gegeben ist. Als Straßen- und Stadtbaum zeigt er aber im Flachland auf trockenen Standorten oder bei zu eingeengtem Wurzelraum Probleme. Spitz- und Feld-Ahorn sind anspruchsloser und trockenheitstoleranter.

Das Oskar-Syndrom bezeichnet stagnierendes Wachstum einer Ahornverjüngung bei starker Beschattung.

Den Feld-Ahorn charakterisiert die mehrstämmige kleine Krone sowie die goldgelbe Herbstfärbung.

Ahorne sind Lebensraum für viele Vogel-Arten, Insekten, Pilze und Misteln. Unter den Schmetterlingen finden sich Ahorn-Eule und Ahorn-Spinner. Vögel und Mäuse ritzen gelegentlich die Rinde an, um an den zuckerhaltigen Frühjahrssaft zu gelangen. Eichhörnchen, Mäuse, Kernbeißer und andere Tiere fressen die Nussfrüchte.

Klangholz und Sirupquelle

Bei den Förstern haben die Ahorn-Arten einen sehr guten Ruf, sie gehören zu den sogenannten Edellaubhölzern. Ihr helles, hartes Holz, das sich gut bearbeiten lässt, war bereits in der Stein- und Bronzezeit sehr geschätzt. Von den drei Ahorn-Arten ist das Holz des Berg-Ahorns das begehrteste, auch weil es am hellsten ist. Im Winter erzielen daher Stämme des Berg-Ahorns gelegentlich Höchstpreise von über 10 000 Euro.

Wichtige Teile von Musikinstrumenten werden daraus gefertigt, etwa das Klangholz zum Beispiel von Streichinstrumenten wie Lauten, Zithern und Gitarren, ebenso von Panflöten und Fagott. Besonders gesucht sind die sogenannten Riegel- und Vogelaugen-Ahorne, das sind Stämme mit welligem Holzfaserverlauf oder vogelaugenähnlichen Holzstrukturen, die dann im Furnier oder als Edelholz besonders schön aussehen.

Ahornlaub wird wegen des hohen Stickstoffgehaltes zum Teil noch bis heute als Viehfutter verwendet. Dafür heruntergeschnittene Bäume werden als Schneitelbäume bezeichnet. Junge Blättern dienen als Grundlage für sogenannten Sonnentee, für Salatmischungen und Sauerkraut. Die Blätter fanden früher medizinische Verwendung, vor allem als kühlende Auflage bei geschwollenen Gliedern, Insektenstichen und Ähnlichem. Dazu muss man die Blätter etwas quetschen und sie dann mit dem austretenden Zellsaft auf die erhitzten oder juckenden Stellen legen. Ähnlich wie beim nordamerikanischen Zucker-Ahorn kann man auch bei unseren Ahorn-Arten den Frühjahrssaft zapfen, wenngleich sie nicht ganz so ergiebig sind wie der nordamerikanische Cousin. Dazu wird der Stamm bis zum äußeren Holz, dem Splint, angebohrt. Der Frühjahrssaft tropft dann drei bis vier Wochen lang bis zum Tag des Austreibens heraus. Der Saftaustritt stoppt schlagartig mit dem Austrieb, da dann die Blätter am Wasser im Stamm ziehen. Pro Baum können bis zu 50 Liter (beim Zucker-Ahorn 150 Liter) geerntet werden, der Zuckergehalt liegt bei ein bis drei Prozent. Der Saft muss noch durch Erhitzen zu Ahornsirup eingedickt werden. Im Ersten Weltkrieg und zu anderen früheren Notzeiten war dies eine wichtige, wenn auch mühsame Zuckerquelle.

In der Mythologie vertreibt der Ahorn Hexen und böse Geister, er erfüllt Hoffnungen und Träume. Der Ahorn soll für Harmonie, Ruhe und Gelassenheit stehen.

Ausschlaggebend für die Verwendung des Berg-Ahorns in Alleen, in Parkanlagen und in Gärten ist sein starker Schattenwurf. Im Gebirge schätzt man ihn als Hausbaum und gleichfalls als Schutzgeist. Den Spitz-Ahorn bevorzugt man im Tiefland vor allem wegen seiner intensiven Herbstfärbung.

Im Mittelgebirge wie im Gebirge sowie im Norden gibt es noch wunderschöne alte Alleen mit Spitz- und Berg-Ahornen. Dafür eignen sie sich gut, sofern das Klima nicht zu trocken ist und sich der Einsatz von Streusalz in Grenzen hält. Die Ahorne erweisen sich nämlich als streusalzempfindlich, was man im Sommer an braunen Blatträndern erkennt; es können sogar Zweige absterben.

Lieferant aromatischer Früchte

Viele Apfelbäume sind ausgesprochene Charakterbäume, mit einem kurzen krummen oder schiefen Stamm, im Alter mit Löchern und Hohlräumen darin und einer breit gewölbten Krone.

Wer empfindet beim Anblick eines blühenden Apfelbaumes im Mai nicht Begeisterung (oder Ehrfurcht)? Die Blütenknospen sind vor dem Öffnen zunächst rot und rosa, später tauchen Tausende von Blüten die Krone in ein weißes Kleid mit rosa Schimmer und duften angenehm. Und dann gibt es im Herbst noch die beliebten essbaren Früchte, die allerdings beim Wild-Apfel (*Malus sylvestris*) sehr klein und hart bleiben und daher ungenießbar sind (aber das macht ihn gerade liebenswert). Zudem sind echte Wild-Äpfel überaus selten geworden; es ist schon eine Sensation, einen zu finden. Der Wild-Apfel trägt am Stamm oft dornige Zweige. Vom Kultur-Apfel (*Malus domestica*) dagegen gibt es eine Vielzahl von Sorten, die oft nur regional eine größere Bedeutung haben.

Charakter des Apfelbaumes mit geschwungenem Wuchs und schiefem Stamm.

Der Apfelbaum gehört zur Familie der Rosengewächse und darin zur Unterfamilie der Apfelfrüchtigen. Der Wild-Apfel war 2013 Baum des Jahres.

Fruchtspieße an Kurztrieben

Zwar kennt wohl jedermann den Apfelbaum, doch nur die wenigsten den Wild-Apfel, denn dieser gehört zu den seltensten Baumarten, ist stark

Charakter des Wild-Apfels mit mehrstämmiger Krone und dornigen Trieben am Stamm.

gefährdet und steht meist unauffällig im Wald oder am Waldrand. Anders als bei Wild- und Kultur-Birne stammt der Kultur-Apfel nicht vom heimischen Wild-Apfel ab. Im Folgenden geht es um den Wild-Apfel, aber zugleich kommt auch immer der Kultur-Apfel zur Sprache, der bei uns einer der beliebtesten Haus- und Gartenbäume ist.

Wie unterscheidet sich der Wild- vom Kultur-Apfel? Heutzutage ließe sich dies schnell und sicher mit genetischen Methoden klären. Aber man möchte vielleicht gleich draußen wissen, ob man die Wildart vor sich hat. Dann prüft man folgende Merkmale (die selten alle zutreffen, aber möglichst fünf davon sollten stimmen):

- *Früchte kugelförmig und höchstens drei Zentimeter dick, grün oder gelbgrün und ohne rote Backe (höchstens sonnenseitig leicht rötlich gefärbt);*
- *Blüten höchstens spärlich behaart;*
- *die rundlichen bis eiförmigen Blätter kahl (höchstens beim Austrieb oder unterseits an Hauptnerven leicht behaart);*
- *Blätter oft mit einseitig verbogenem kleinem, etwas ausgezogenem Blattspitzchen;*
- *Langtriebe kahl (höchstens beim Austrieb leicht behaart);*
- *am Stamm vertrocknete dornenähnliche Triebe vorhanden.*

Für eine sichere Unterscheidung nach äußeren Merkmalen werden somit Blätter und Blüten beziehungsweise Früchte benötigt, was ja nie alles gleichzeitig vorhanden ist.

Am Wuchs des Apfelbaumes fällt zunächst auf, dass die Krone meist breiter als hoch ist und die Zweige seitlich filigran gebogen ausschwingen. Beim Wild-Apfel stehen sie aufrechter, und wenn er sich im Wald oder am Waldrand zum Licht recken muss, entwickelt er schlankere und aufrechtere Kronen als der Kultur-Apfel. In der Wipfelregion alter Apfelbäume sind viele »Fruchtbögen« zu sehen: Mehr dazu finden sich beim nachfolgenden Abschnitt zum Birnbaum.

Apfelbaum-Zweige sind auffallend »störrisch«: Das merkt jeder, der sich mit einem Strauß für eine Vase abmüht. Der Apfelbaum entwickelt seitlich so dicke, steife Kurztriebketten (das sind mehrere Jahre alte kurze Triebe), dass die sich in der Vase miteinander verhaken und es schwierig wird, den Strauß zu arrangieren. Diese Kurztriebketten haben die wichtige Aufgabe, neben Blättern vor allem über viele Jahre hinweg die Blüten und Früchte zu entwickeln. Nach einigen Jahren geraten sie aber zunehmend in den Schatten der außen weiterwachsenden Krone und sterben schließlich ab. Dann bleiben sie beim Wild-Apfel vertrocknet an den Ästen oder am Stamm zurück und können unangenehm stechen.

Die Rinde des Apfelbaumes ist dick-schuppig (Typ Schuppenborke), die Borkenschuppen sind unregelmäßiger geformt als beim Birnbaum. Oft erkennt man an den Rindenstrukturen einen ausgeprägten Drehwuchs des Stammes und alte Apfelbäume werden schnell hohl.

Leuchtende Blüten

Apfelbäume können einen Stammumfang von etwas mehr als einen Meter (selten fast drei Meter) aufweisen. Die Baumhöhe erreicht selten zehn Meter, häufig bleibt der Wild-Apfel auch nur ein Strauch. Das Höchstalter des Wild-Apfels liegt bei 150 bis 200 Jahren, Kultur-Äpfel werden jedoch nur 80 Jahre alt wegen der Veredlungsstelle, die ein ständiges Hindernis für den Stofftransport im Stamm darstellt und daher die Lebenserwartung halbiert, wie es auch bei Kultur-Birne und Süß-Kirsche der Fall ist. Wegen der hohlen Stämme alter Bäume ist ihr Alter meist schwer zu ermitteln.

Wild-Äpfel treiben sehr gut aus dem Stock wieder aus, wenn der Baum abgesägt wurde oder abgestorben ist. Es ist daher nicht ausgeschlossen, dass etliche der heute noch stehenden alten Wild-Äpfel bis zu 1000 Jahre alt oder älter sind, da sie (womöglich mehrmals) aus Stockausschlag stammen.

Apfelblüte mit roten Knospen (im Ballonstadium) und geöffneten weiß-rosa Kronblättern.

Als »Ballonstadium« bezeichnet man das kugelförmige Aussehen der Blüten unmittelbar vor dem Öffnen, kurz bevor die Kronblätter im Einzelnen sichtbar werden. Die Bezeichnung erklärt sich von selbst.

Die Blattmerkmale des Wild-Apfels kamen als Unterschied zum Kultur-Apfel bereits zur Sprache. Bei Windstärke 4 hört man im Sommer aus der Krone von Apfelbäumen ein klapperndes Zischeln. Die Herbstfärbung der Blätter ist unauffällig gelbbraun bis graugrün.

Der Höhepunkt im Jahreslauf eines Apfelbaumes ist zweifellos die Blütezeit mit den beim Aufgehen rot oder rosa leuchtenden Blüten, die sich danach aufhellen, zum Teil bis zu einem strahlenden Weiß. Der Apfel blüht kurz nach dem Blattaustrieb, in der Regel Ende April oder Anfang Mai, und zwar nach den anderen wichtigen Obst-Baumarten Zwetschge, Birne und Kirsche. In einzelnen Jahren kann die Blüte auch einmal gleichzeitig mit Kirsche oder Birne stattfinden. Die Blüte erfasst nicht jedes Jahr die gesamte Krone, viele Äste blühen nur alle zwei Jahre und wechseln sich in der Krone ab.

Die Bestäubung besorgen Bienen, Hummeln und andere Hautflügler, die den Nektar des Apfels schon deshalb sehr schätzen, weil die meisten anderen Obst-Baumarten bis dahin schon verblüht sind. Die Blütezeit dauert nur knapp eine Woche, bei großer Hitze auch nur wenige Tage.

Die gelblich grünen Früchte des Wild-Apfels sind im September/Oktober reif. Sie erinnern zwar an Äpfel, sind aber deutlich kleiner und runder als beim Kultur-Apfel sowie roh ungenießbar herb und hart (daher der zweite deutsche Name Holz-Apfel). Das ist bei der Wild-Birne genauso. In gedörrtem oder gekochtem Zustand werden die Holzäpfelchen dann aber schmackhaft und aromatisch.

Der Baum entwickelt ein Herzwurzelsystem, das bis etwa einen Meter Bodentiefe reicht. Beim Wild-Apfel entsteht Wurzelbrut, wie man die Schösslinge aus oberflächennahen Wurzeln nennt.

Konkurrenzschwacher Einzelgänger

Das natürliche Verbreitungsgebiet des Wild-Apfels erstreckt sich über fast ganz Europa, bis auf Nordskandinavien, Nordrussland und Teile Spaniens und Griechenlands. Obwohl es ziemlich groß ist, findet man die konkurrenzschwache Art selten, andere Wald-Baumarten dominieren meist. Daher begegnet man einem Wild-Apfel am ehesten als Einzelbaum oder in Kleinstgruppen an Waldrändern und in Ecken des Waldes, die nicht vollflächig bewirtschaftet werden. Seine klimatische Toleranz zeigt sich allein durch sein natürliches Vorkommen, das bis nach Sankt Petersburg reicht.

Verbreitungsschwerpunkte in Deutschland sind heute einige intakte Auenwaldreste (zum Beispiel an Oberrhein und Mittelelbe) und regional in Mittelgebirgen (etwa im Erzgebirge und auf der Schwäbischen Alb). Im Wald hat der Wild-Apfel nur eine Chance, wenn er überhaupt erst einmal erkannt wird und dann genügend Licht und in der Jugend Schutz vor Wildverbiss erhält.

Der Wild-Apfel zählt zu den Übergangs-Baumarten. Er ist sehr lichtbedürftig, hält im Schatten aber erstaunlich zäh durch – dort blüht er dann jedoch nur noch spärlich. Am wohlsten fühlt er sich in Gehölzinseln außerhalb des Waldes, wo er zusammen mit anderen Obstgehölzen und Sträuchern ausreichend Licht erhält. Unter Gesichtspunkten des Naturschutzes ist er als hochrangig wertvoll einzustufen, doch er benötigt zu seinem Erhalt und zu seiner Förderung unbedingt unsere menschliche Hilfe. Er steht in mehreren Bundesländern auf der Roten Liste als (stark) gefährdet.

An die Nährstoff-Versorgung stellt der Wild-Apfel keine besonderen Ansprüche (im Unterschied zum Kultur-Apfel), auch mit Trockenheit kommt er einigermaßen zurecht. Der Kultur-Apfel hingegen benötigt eine gute Wasserversorgung, denn er soll schließlich die viel größeren Früchte produzieren – daher ist eines der Hauptanbaugebiete des Kultur-Apfels das Alte Land westlich von Hamburg. Es liegt elbnah mit hoch anstehendem Grundwasser. Der Wild-Apfel dagegen kommt sogar auf Felsschutt und sonnigen Abhängen vor. Auch Winterfröste bis –25 °C sind für ihn kein Problem. Spätfröste führen beim Apfel wegen seines späteren Austriebs und seiner späten Blüte im Vergleich zu beispielsweise Kirsche und Nussbaum viel seltener zu Schäden.

Frucht mit Gesundheitswert

Das Holz des Apfelbaumes spielt aufgrund der geringen Mengen und der kurzen, dünnen und oft hohlen, krummen Stämme keine Rolle für die wirtschaftliche Nutzung, es ist aber wegen seines rötlich braunen Kernes bei Kunsttischlern und Drechslern begehrt und gesucht.

Die Früchte des Wild-Apfels haben zwar für die Nutzung bisher kaum Bedeutung, allerdings gelten sie unter Kennern als Naturapotheke: Man kann daraus nach dem Trocknen Tee zum Beispiel gegen Erkältungen, Fieber und Durchfall herstellen, die »Huldsäbbln« sind zum Beispiel im Erzgebirge als Ersatz für Antibiotika und Grippe-Schutzimpfung geschätzt.

Sammlungen von Obstsorten gibt es in verschiedenen öffentlich zugänglichen Schaugärten. Etwas ganz Besonderes ist eine historische Sammlung alter Apfel-Sorten (ein pomologischer Lehrpfad) im Park Bad Muskau. Dazu gibt es eine empfehlenswerte Broschüre mit dem Titel »Schöner aus Herrnhut und andere«.

Was die Nutzung des Kultur-Apfels betrifft, sei auf die dazu reichlich vorhandene Spezialliteratur verwiesen. Seine Kulturgeschichte reicht über 2000 Jahre zurück, und bereits bei den Römern waren Kultur-Äpfel dokumentiert. Allerdings stammen sie von anderen (asiatischen) Wildarten ab, nicht vom europäischen Wild-Apfel, und bis heute hat nur eine moderate Durchmischung der Gene zwischen Wild- und Kultur-Apfel stattgefunden. Die Bastardierung hält sich in Grenzen – ganz im Unterschied zur Wild- und Kultur-Birne. Es gibt mittlerweile einige Tausend Kultur-Sorten des Apfels in unübersichtlicher Vielfalt. Alte Sorten werden leider zunehmend verdrängt und geraten in Vergessenheit.

In der Medizin und Naturheilkunde hat der Wild-Apfel aufgrund seiner Seltenheit keine große Bedeutung, der Kultur-Apfel hingegen schon, auch in der Kosmetik-Industrie. Im englischen Sprachraum heißt es: »An apple a day keeps the doctor away.« Jeden Tag ein Apfel erspart viele Arztbesuche. Damit sind die gesunden Inhaltsstoffe und positiven Wirkungen des Apfels angesprochen, bei dem es sich um unsere wichtigste Frucht handelt.

Ein Apfel enthält unter anderem Vitamine, Mineralien, entgiftende Inhaltsstoffe. Derzeit verzehrt jeder Bundesbürger durchschnittlich 26 Kilogramm Äpfel pro Jahr – das sind umgerechnet etwa 175 Stück. Die Nutzungs- und Verwendungsmöglichkeiten in der Ernährung und Heilkunde sind schier unüberschaubar. Je nach Zubereitungsart kann der Apfel sogar gegenteilige Gesundheitsstörungen heilen, wie etwa Durchfall und Verstopfung. Das aus den Apfelsamen stammende Geliermittel Pektin leistet uns bis heute wichtige Dienste zum Beispiel beim Einkochen.

Eine legendäre Frucht

In der Mythologie hat der Wild-Apfel aufgrund seiner Seltenheit keine große Bedeutung, der Kultur-Apfel dagegen ist in Mythen, Symbolik und Volkstum verbreitet wie kaum eine andere Frucht. Es begann ja zunächst mit einem Apfelbaum im Paradies, der Adam und Eva verleitet hat. Außerdem kennt man den Adamsapfel, den Reichsapfel, die Äpfel der Hesperiden. Auch der Trojanische Krieg begann mit einem Apfel.

Der Apfel kommt in vielen Hochzeits- und Liebesbräuchen vor und ist Fruchtbarkeitssymbol in Liebesorakeln. Er steht für das Weibliche (obwohl es »der Apfel« heißt), die Birne fürs Männliche – das kann ich nicht schlüssig erklären, das Gegenteil wäre mir verständlicher.

Apfelkundler und -kenner werden Pomologen genannt, das bezieht sich natürlich vor allem auf die Kultur-Sorten. Selbst wenn der Kultur-Apfel nach heutigem Kenntnisstand von asiatischen Wild-Äpfeln abstammt, kann der heimische Wild-Apfel doch für den Kultur-Apfel wichtige Genressource sein, zum Beispiel für die Resistenzzüchtung gegen Apfelmehltau. Denn der Kultur-Apfel muss bisher bis zu seiner Fruchtreife meist viele Male gegen Mehltau gespritzt werden.

Betrachtet man den Stamm alter Apfelbäume einmal aus dem Blickwinkel eines Holzkünstlers, erkennt man wahre Kunstwerke der Natur, und Künstler können aus solchen alten hohlen, drehwüchsigen Stämmen die schönsten Skulpturen herstellen. Das schafft Freu(n)de und neue Beziehungen zu alten Bäumen, die dann auch nicht immer nur gerade und »fehlerfrei« sein müssen, eben wie bei echten Freunden. Gerade die sogenannten Holzfehler (wie Drehwuchs, Krummschäftigkeit, Exzentrität, Knollen, Astigkeit) haben bisweilen für spezielle Nutzungen interessante Eigenschaften, weshalb sie neuerdings auch neutral als Holzmerkmale bezeichnet werden. Darüber gibt es inzwischen sogar Bücher.

Luther soll gesagt haben: »Wenn ich wüsste, dass morgen die Welt unterginge, würde ich heute noch einen Apfelbaum pflanzen.«

Birnbaum

Steiler Wuchs mit Fruchtbögen

Einen Birnbaum erkennt man meist gut an seinem Wuchs mit der schlanken, aufstrebenden Krone und übergebogenen Wipfeltrieben, den »Fruchtbögen«.

Oft zieht der Birnbaum mit seinen vielen schneeweißen Blüten im zeitigen April alle Blicke auf sich und sorgt für Aufatmen nach dem Winter. Der zweite Höhepunkt folgt dann regelmäßig im Oktober, wenn seine rundlichen, lang gestielten Blätter sich zunächst gelblich bis orangefarben und schließlich orange- bis purpurrot färben und vor dem Winter nochmal regelrecht auflodern. Spätestens dann sind auch die beliebten Früchte reif, die bei der Kultur-Birne (*Pyrus communis*) aromatisch schmecken, bei der Wild-Birne (*Pyrus pyraster*) allerdings ungenießbar hart und klein sind. Die Wild-Birne ist selten geworden, sie trägt am Stamm oft dornige Zweige.

Der Birnbaum gehört zur Familie der Rosengewächse und darin zur Unterfamilie der Apfelfrüchtigen. Die besonders komplizierten, durch den Menschen beeinflussten genetischen Verhältnisse bei dieser Baumart haben dazu geführt, dass bis heute keine Einigkeit besteht, ob die Wild-Birne als eigene Art (*Pyrus pyraster*) oder nur als eine Varietät (*P. communis* var. *pyraster*) anzusehen und von den Kultur-Birnen zu unterscheiden ist. Die Wild-Birne war 1998 Baum des Jahres.

Charakteristische Fruchtbögen

Im Folgenden geht es vorwiegend um die Wild-Birne, doch immer wird zugleich auch die Kultur-Birne angesprochen, die zu den beliebtesten Haus- und Gartenbäumen zählt. Im Unterschied zur Kultur-Birne trägt die Wildform in der Jugend Dornen: Viele kurze Seitentriebe enden mit einer empfindlich stechenden Spitze.

Fruchtbögen eines alten Birnbaumes – beidseitig außen überhängende ehemalige Wipfeltriebe.

Was die Wuchsform betrifft, sind in der Wipfelregion alter Birnbäume die sogenannten »Fruchtbögen« charakteristisch: Die ursprünglich senkrecht wachsenden Hauptäste biegen sich, verstärkt durch das Gewicht der Früchte, immer mehr über und schließlich sogar nach unten, sodass Seitenknospen das Höhenwachstum fortsetzen müssen. Die sich daraus entwickelnden Wipfeltriebe erfahren später dasselbe Schicksal, sodass der Wipfel alter Birnbäume aus aufeinandergestellten, übergebogenen Ästen besteht. Dieses Charakteristikum wird an Steilhängen noch verstärkt. Es entstehen dort sogenannte Fahnenbirnen mit einseitigen Kronen, weil nur von der hangabgewandten Seite Licht einfällt.

Birnbäume werden meist etwa zehn Meter hoch (selten 15 bis 20 Meter) und haben daher in geschlossenen Wäldern keine Chance. Das Höchstalter der Wild-Birne liegt bei 150 bis 200 Jahren, Kultur-Birnen werden jedoch höchstens etwa 80 Jahre alt. Dies hängt mit der Veredlungsstelle zusammen, welche die Lebenserwartung halbiert – so wie beim Kultur-Apfel und bei der Süß-Kirsche. Der Stammumfang kann bis zu drei Meter (selten vier Meter) erreichen. Die dunkle Schuppenborke ist durch zahlreiche Längs- und Querrisse würfelförmig gefeldert.

Charakter des Birnbaumes mit aufrechter Krone und intensiver Blüte vor dem Blattaustrieb.

Früchte mit harten Steinzellen

Die Blätter der Wild-Birne sind rundlich, höchstens fünf Zentimeter lang und fast ebenso lang gestielt, gesägt und oft am Rand bewimpert. Oberseits glänzen sie auffällig, unterseits sind sie bläulich grün und nie filzig behaart. Die Blätter der Kultur-Birne sind hingegen kürzer gestielt und spitz-eiförmig, unterseits grün und anfangs behaart. Bei Windstärke 4 hört man im Sommer aus der Krone von Birnbäumen ein helles Klappern. Die Herbstfärbung kann leuchtend rot werden.

Blüten und Früchte befinden sich zu dritt bis zu neunt in Trugdolden an Kurztrieben. Die Blüte erfolgt in der Regel Mitte bis Ende April und in jedem Fall vor dem Laubaustrieb. Die etwas ranzig riechenden Blüten sind zwittrig und auf Fremdbestäubung von einem anderen Baum angewiesen. Dies besorgen Bienen und andere Insekten.

Die echte Wild-Birne hat nur etwa drei Zentimeter große Früchte, die rundlich oder eiförmig sind (und daher gar nicht wie Birnen aussehen!). Im Reifezustand tragen sie noch einen voll entwickelten Kelch. Sie sitzen an Stielen, die fast die Fruchtlänge erreichen. Die Früchte sind ungenießbar, da sie selbst bei der Reife noch hart und holzig sind (daher kommt der zweite deutsche Name Holz-Birne). Die Ursache dafür sind sogenannte Steinzellen, die besonders verstärkte Zellwände aufweisen und erst beim Kochen weich werden.

Die Früchte der Kultur-Birne sind typisch birnenförmig, mindestens fünf Zentimeter lang, kurz gestielt und unreif ebenfalls so hart, dass man Kinder damit von sich lockernden Milchzähnen erlösen kann. Es befinden sich über 1500 Birnen-Sorten in Kultur.

Auf trockenen Standorten erreicht die Wurzel von Wild-Birnen zwei Meter Tiefe und sorgt sowohl für eine gute Verankerung als auch für eine relativ hohe Trockenheits-Toleranz. Das Verbreitungsgebiet reicht von Westeuropa bis zum Kaukasus. In Nordeuropa kommt die etwas wärmebedürftige Art nicht vor. Mit kalten Wintern hat sie allerdings keine Probleme.

Lichtbedürftiger Baum im Wald oder auf Wiesen

Der Birnbaum, wie er heute in unseren Obstgärten steht, unterscheidet sich von der Wild-Birne, ein kleiner, struppiger Baum mit dornenbesetzten Zweigen. Außerhalb des Waldes hat man in der Vergangenheit vor allem Zuchtformen und Varietäten der Kultur-Birne angepflanzt und erhalten, die besonders große oder schmackhafte Früchte aufweisen. Der früheste eindeutige Fund einer Kultur-Birne stammt aus der Bronzezeit. Im alten Rom kannte man schon 35 Birnen-Sorten.

Die ursprüngliche Wildform wurde allmählich fast ausgerottet. Die wenigen verbliebenen Exemplare kreuzten sich über viele Jahrhunderte mit den Zuchtformen und führten so zu einer mittlerweile sehr komplizierten genetischen Situation: Eine echte Wild-Birne ist heute überall eine wirkliche Seltenheit. Am ehesten findet man sie noch in Gruppen auf Trockenrasen und wärmebegünstigten Standorten entfernt von Siedlungen.

Der Birnbaum ist eine Übergangs-Baumart. Wie alle Wildobst-Arten ist er sehr lichtbedürftig, zeigt nur ein geringes Höhenwachstum und hat daher von Natur aus lediglich an Waldrändern und auf Freiflächen eine Chance. Die Wild-Birne wird unter natürlichen Verhältnissen auf extrem trockene Standorte verdrängt und kommt daher am häufigsten an der Trockengrenze des Waldes vor, etwa auf basenreichen und flachgründigen, süd- oder westwärts ausgerichteten Hängen im Mittelgebirgsraum. Aber auch in Auenwäldern an Rhein und Elbe ist sie von Natur aus anzutreffen. Angepflanzt werden kann der Birnbaum hingegen auf den meisten Standorten, solange er genügend Licht erhält. Nur sauer oder vernässt sollten die Böden nicht sein, auch Frostlagen eignen sich nicht.

Derzeit steht die Wild-Birne in zwei Bundesländern auf der Roten Liste gefährdeter Arten. Seit einiger Zeit gibt in der Forstwirtschaft und im Obstbau Bestrebungen, die Wildobst-Arten – so auch die Wild-Birne – durch Schutzprogramme zu fördern und zu vermehren, was bis hin zu Generhaltungs-Maßnahmen führt.

Wild-Birnen sind außergewöhnlich seltene und schöne Bäume. Es liegen allerdings kaum Erfahrungen über die Behandlung oder Förderung in Mischbeständen vor. Dies wird sich durch die verstärkten Bemühungen der

Forstwirtschaft in der jüngsten Vergangenheit wieder ändern. Die derzeitigen Vorkommen sind zunächst einmal zu erfassen (was zum Teil schon geschieht), man muss sie schützen und vor allem durch Neupflanzungen vermehren. Nur so kann dieser Baumart dauerhaft geholfen werden.

Die nach der Reife vom Baum fallenden und dann weich werdenden Früchte sind vor allem bei Kleinsäugern beliebt (zum Beispiel bei Siebenschläfer, Marder, Dachs, Igel). Zudem hat die Wild-Birne wie alle Obst-Baumarten einen hohen ökologischen Nutzen als Lebensraum, etwa durch den oft hohlen Stamm, und die Blüten sind wichtig für viele Insekten.

Rares Holz für Liebhaber

Das sehr begehrte Birnbaum-Holz lässt sich sehr gut bearbeiten. Es ist aber selten auf dem Holzmarkt zu finden. Oft ist der Stamm drehwüchsig, krumm, oder Rinde ist eingewachsen. Die wenigen alten geraden Birnbaum-Stämme gehen dann zu Liebhaberpreisen in die Möbeltischlerei und finden dort als Ersatz für Nussbaum (gebeizt für Ebenholz) oder wertvolle Furnier- und Intarsien-Arbeiten Verwendung.

Das Holz hat eine blass rötliche bis hell rötlich braune Farbe, es kann im sogenannten »Falschkern« aber auch dunkler werden und wird vor der weiteren Verwendung meist gedämpft. Es ist hart, schwer und relativ dauerhaft – in manchem alten Holzhaus tragen noch heute jahrhundertealte Birnenholzbalken die schweren Decken.

Birnen haben einen besonders hohen Mineraliengehalt. Mit ihrem hohen Gerbstoffgehalt liefern sie zudem einen besonders haltbaren, klaren, sektartig perlenden Most. »Birne Helene« ist ein international berühmtes Dessert.

Aus den Früchten lassen sich Säfte, Marmeladen, Obst- und Branntwein herstellen. In Flaschen eingewachsene Williams-Christ-Birnen erfordern einen besonderen Aufwand und sind eine Spezialität von Schnapsbrennereien. Vor allem in Norddeutschland isst man im Juli begeistert »Birnen, Bohnen und Speck«. Hutzelbrot wird mit getrockneten Birnen hergestellt. Aus 25 Pfund Birnenkernen erhält man in Notzeiten drei Pfund Speiseöl.

Birnensaft dient in der Heilkunde als Kur zur allgemeinen Entgiftung des Körpers. Aus Birnbaum-Blüten lässt sich bei Nierenbecken-Entzündungen ein wirksamer Tee bereiten. Die jungen, noch geschlossenen Blütenknospen ergeben eine schmackhafte Salatbeilage. Blätter und andere

Charakter der Wild-Birne mit zierlichem Wuchs und kleinen Birnchen.

Teile des Birnbaumes sollen als Tee getrunken harntreibend, beruhigend, fieber- und blutdrucksenkend sowie gegen Blasenentzündungen wirken.

Männlicher Partner des Apfels

Die Birne spielt ähnlich wie der Apfel eine Rolle in vielen Mythen, in der Symbolik und im Volkstum. Eine alte Bauernregel sagt: »Willst Du ein Kuhkalb, so vergrabe die Nachgeburt einer Kuh unter einem Apfelbaum, willst Du beim nächsten Mal ein Stierkalb, so vergrabe die Nachgeburt unter einem Birnbaum.«

Birnbaum und Apfelbaum sind »das Paar« im Obstgarten: Wurde der Apfelbaum schon seit Urzeiten mit dem Weiblichen in Zusammenhang gebracht, so symbolisierte der Birnbaum das Männliche. Das kann ich nicht ganz nachvollziehen. Ein Sprichwort lautet: »Reife Birnen muss man pflücken.«

Der schlanke Wuchs hat den Birnbaum neben Birken zum Lieblingsbaum der Jugendstilmaler gemacht, er passt genau in diese Stilrichtung. Der bekannteste Birnbaum dürfte der von Theodor Fontane in seinem Gedicht »Herr von Ribbeck auf Ribbeck im Havelland« sein. Der Baum stand auf dem Friedhof von Ribbeck, bis ihn 1911 ein Sturm brach. Nach der Wiedervereinigung Deutschlands wurde ein neuer »Ribbeck« nachgepflanzt, der 1994 die ersten Früchte trug. Den sollte man sich ansehen, wenn man ins Havelland westlich von Berlin kommt.

Rot-Buche

Herrscherin im Waldschatten

Eine große gewölbte, dunkle Krone und ein glatter silbergrauer Stamm mit einem Bilderbuch der Baum-Körpersprache – das kann nur die Rot-Buche sein.

Charakter der Rot-Buche mit silberglattem Stamm, Bildsprache durch Rindenritzereien und Astnarben sowie starken Wurzelanläufen.

Der Stammfuß der Rot-Buche (*Fagus sylvatica*) zeigt oft eindrucksvolle Wurzelanläufe. Im Wald bildet die Rot-Buche sogenannte »Hallenwälder« fast ohne Unterwuchs. Am eindrucksvollsten lässt sich das im Gespensterwald bei Warnemünde erleben.

Weitere Highlights sind das Austreiben der hellgrünen Blätter im April und die Herbstfärbung im Oktober mit allen Gelb- und Brauntönen, bevor es dann hell unter den Buchen wird und ihre Stämme uns Geschichten erzählen. Mit ihrem starken Kronenschatten im Sommer kommt die Rot-Buche selbst gut zurecht: Wo sie wächst, bestimmt sie als »Mutter des Waldes« das Geschehen.

Die Buche gehört gemeinsam mit den Ess-Kastanien und Eichen zur Familie der Buchengewächse, für die der Fruchtbecher charakteristisch ist. Die Buche war 1990 Baum des Jahres.

Kurztriebe in Wartestellung

Die Kronen alter Buchen breiten sich sehr raumergreifend aus, mit einer fächerartigen Aststellung schräg nach oben. Dies hat zur Folge, dass die Beschattungswirkung noch dominanter wird.

Gespensterwald bei Warnemünde im Abendlicht: So sieht ein eindrucksvoller Buchen-Hallenwald aus.

Der Wipfeltrieb von Buchen wächst zunächst waagerecht und richtet sich erst auf, wenn es genügend Licht gibt. An den Zweigen fallen im Winter die relativ langen, schlanken und braunen Knospen auf, auch daran kann man eine Buche gut erkennen. Die Knospenschuppen werden dabei wie bei vielen anderen Baumarten von den Nebenblättern gebildet. Sie schützen eng umschließend die zarten embryonalen Sprossanlagen für die nächste Saison. Beim Austreiben fallen diese Knospenschuppen dann ab und liegen in großen Mengen auf dem Boden unter den Buchen.

Die Kurztriebe der Buche sind in besonderer Weise in der Lage, bei ungünstigen Bedingungen (zum Beispiel Schatten, Wassermangel) bis zu 15 Jahre in Wartestellung mit extrem kurzen Jahrestrieben zu verharren, um dann bei verbesserten Bedingungen wieder loszulegen. An Buchenzweigen kann man zudem besonders gut und einfach die Jahrestriebgrenzen erkennen: Nach dem Abfallen beim Austreiben hinterlassen die Knospenschuppen auf der Trieboberfläche Narben, die als Querrillen viele Jahre erhalten bleiben. So kann man zehn bis 20 Jahre rückwärts die Jah-

Diese sechs Jahre alte unverzweigte Kurztriebkette besitzt deutlich erkennbare Triebbasisnarben. Die Jahresgrenzen zeigen sich als Rillen durch Knospenschuppennarben.

resgrenzen rekonstruieren und erfährt, wie der Zweig in diesem Zeitraum Jahr für Jahr gewachsen ist – ohne für Jahrringzählungen die Zweige abzusägen zu müssen. Die Forschung nutzt dies für Klima- beziehungsweise Wachstums-Analysen, um zum Beispiel die Auswirkungen von Trockenjahren auf den Triebzuwachs zu untersuchen und die Trockenstress-Empfindlichkeit der Baumarten zu beurteilen.

Die Rinde erzählt den Lebenslauf

Die silbergraue glatte Rinde (Typ Glattrinde) ist wohl das auffälligste Charakteristikum der Buche und hat zur Folge, dass man die Lebensgeschichte jedes Baumes sehr gut rekonstruieren kann: Alte Verletzungen, innere Defekte und Astnarben am Stamm bleiben Jahrzehnte sichtbar. Bei den Astnarben gibt es zum einen die Zentralnarbe (das sogenannte Siegel) der früheren Äste: Sie zeigt die Astansatzstelle und ihren Durchmesser (als Höhe des Siegels) beim Absterben. Links und rechts davon schräg nach unten verlaufende Streifen (die als Chinesenbärte bezeichnet werden) geben Hinweise auf den Winkel des Astes, wie er vom Baum abzweigte (siehe Bild Seite 19 links).

Außerdem haben die grauen Stämme große Wirkung bei ganz bestimmten Lichtverhältnissen. Besonders ausgeprägt ist dies im sogenannten Gespensterwald bei Nienhagen westlich von Warnemünde an der Ostseeküste, wenn dort im Hochsommer die untergehende Abendsonne fast waagerecht in den Bestand scheint und es tatsächlich gespenstisch aussieht. Wer dort einmal einen Abend bis zum Sonnenuntergang verbracht hat, wird dieses Naturschauspiel nie vergessen.

Die dünne glatte Rinde der Buche hat den Nachteil, dass sie sich bei plötzlicher Freistellung auf der Südseite des Stammes so sehr erhitzt, dass sie und das darunterliegende Kambium absterben können. »Sonnenbrand« kann zu gravierenden Stammschäden und Fäulnis führen. Bei einem vorhersehbaren Risiko werden die Stämme daher zuvor mit weißer Stammschutzfarbe angestrichen, die Jungbäume rundherum, bei Altbäumen streicht man nur die Süd- bis Westseite des Stammes ein. Dann überschreitet die Rinden-Temperatur nicht den kritischen Wert von 45 °C.

Buchen erreichen ein Höchstalter von 300 bis 400 Jahren, Stammumfänge von fast vier bis sechs Meter (selten sieben bis acht Meter) und Baumhöhen von 30 bis 40 Meter. Die Anordnung der Blätter an den Zweigen in der Unterkrone ist zweizeilig und dadurch einschichtig, das heißt, sie bilden relativ geschlossene flächige Strukturen aus, die das Restlicht im Schatten optimal ausnutzen können, ohne sich an demselben Zweig gegenseitig zu beschatten. Bei Windstärke 4 hört man im Sommer aus der Krone ein helles Zischeln.

Fruchtbare Mastjahre

Die Blüten erscheinen erst mit 50 Jahren, zusammen mit den Blättern beim Austrieb: Männliche und weibliche Blüten stehen getrennt, aber am selben Baum. Sie werden windbestäubt, sind daher unauffällig, und die großen Pollenmengen können nach Regenschauern Pfützen bedecken. Wenn alle Buchen eines Bestandes in bestimmten Jahren gleichzeitig intensiv blühen und fruchten, sprechen wir von Mastjahren. Diese treten etwa alle drei bis fünf Jahre auf. Früher waren es alle fünf bis sieben Jahre – der Abstand hat sich in den letzten 20 Jahren durch die hohen Stickstoffgehalte in der Luft mit ihrem Düngereffekt und die Klimaerwärmung verkürzt.

Die Blätter entwickeln im Oktober eine wunderschöne Herbstfärbung: Die braungelben und rötlich braunen, später rein braunen Farbtöne können bei einfallender Herbstsonne traumhafte Stimmungen erzeugen.

Mastjahre haben zur Folge, dass die Bäume einen erheblichen Teil ihrer Ressourcen für die Fruchtentwicklung investieren. So werden im Mastjahr und in den zwei bis drei Folgejahren sogar die Blätter kleiner und die Kronenverlichtung kann demzufolge um bis zu 30 Prozent zunehmen, was nichts mit einer Schädigung zu tun hat.

Die Früchte, die Bucheckern, sitzen am Baum in einem auffällig stacheligen Fruchtbecher. Dieser kennzeichnet die Familie der Buchengewächse (somit auch die Eichen und Maronen). Da er nicht als Fruchtbestandteil gilt, sind die Früchte Nüsse. Sie schmecken angenehm nussig.

Wenn die Bucheckern auf den Boden fallen, keimen sie im nächsten Frühjahr und bilden eine Naturverjüngung, die in der Forstwirtschaft heutzutage hoch im Kurs steht. Denn diese Buchenkeimlinge tragen die Gene der am Standort optimal angepassten Buchen(eltern) und bringen sie in neuer Durchmischung in die nächste Baumgeneration. Wenn Förster dabei in die Zukunft schauen und die erwarteten Klimaveränderungen berücksichtigen möchten, pflanzen sie in die Naturverjüngung zusätzlich junge Buchen anderer Herkünfte zum Beispiel aus Südost-Europa hinein, sodass deren Gene auch mit am Standort erprobt werden. Die natürliche Selektion wird die bestgeeigneten Individuen herausfiltern.

Das herzförmige Wurzelsystem sorgt für eine gute Verankerung. Allerdings reagiert die Buche empfindlich auf Bodenverdichtung und -vernässung und bleibt dann mit ihren Wurzeln oberhalb des Stauhorizontes, was sie in solchen Standortsituationen trockenheitsempfindlich und windanfällig machen kann.

Ausdauern im Schatten

Das große natürliche Verbreitungsgebiet der Buche erstreckt sich über fast ganz Europa, mit Ausnahme des Nordens und Nordostens. Die Buche wird verbreitet auch als »Mutter des Waldes« bezeichnet. Man müsste sie wohl treffender »Herrscherin der Wälder« nennen, denn sie prägt mit ihrer Beschattung großflächig den Standort.

Allerdings gehen die Meinungen unter den Experten darüber auseinander, auf wie viel Prozent der Waldfläche sie so zur Dominanz gelangen würde: Die Einschätzungen reichen von 65 bis 95 Prozent. Der letzte Wert entspricht meiner Meinung, denn ich traue der Buche so einiges zu, zum Beispiel dass sie viel weiter in nasse und trockene Standortbereiche hinein wachsen kann, als gemeinhin angenommen wird.

Die heutige Buchenverbreitung wurde weitgehend durch den Menschen verringert (ähnlich wie bei allen anderen Baumarten außer Fichte und Kiefer), sodass man diese nur theoretisch herleiten kann. Sie ist jedenfalls die einzige Baumart hierzulande, die großflächig dort auch zur Vorherrschaft gelangt, wo sie wachsen kann. Alle anderen Baumarten hingegen werden auf ihren Optimalstandorten von der Buche verdrängt und behaupten sich dann oft nur auf Sonder- oder Extremstandorten. Es handelt sich damit bei der Buche um das eindrucksvollste Beispiel einer Klimax-Baumart.

Dabei ist ihre Schattenstrategie sehr beeindruckend:

- *Ihre dichte Belaubung und Krone lässt nur ein Prozent der Freilandstrahlung durch.*
- *Ihre zweizeilige Blattstellung bei waagerechtem Zweigwachstum (selbst des Wipfeltriebes) nutzt das geringe Restlicht am Boden optimal; das ermöglicht das Überleben im eigenen Schatten.*

Eine 40-jährige Jungbuche mit waagerechtem Wipfeltrieb (oben links) verharrt in Wartestellung unter dichten Altbäumen.

- *Durch die Differenzierung der Blattanatomie in Licht- und Schattenblätter kann jeder Kronenbereich das Licht in idealer Weise nutzen.*

Junge Buchen können so extrem an Schatten angepasst sein, dass sie jahrzehntelang in waagerechter Wartestellung verharren, bis schließlich durch Absterben oder Beseitigen von Nachbarbäumen Licht zu den kleinen Bäumchen durchkommt. – Dann richten sie sich auf und wachsen los. Ähnlich schattentolerant sind bei uns nur Eibe und Weiß-Tanne.

Beim Austreiben ergrünen die Kronen allmählich von unten nach oben: Naturverjüngung und die unteren Äste treiben als erste aus. Das ist für das Überleben dieser Schattenzweige existenziell, denn nur so fällt noch für bis zu fünf Wochen Licht durch die Oberkronen ein, bevor diese Zonen ebenfalls austreiben und es für den Rest der Wachstumszeit unten dunkel wird.

Die steile Aststellung und glatte Rinde bewirken, dass größere Anteile des Niederschlages aus der Krone an den Ästen zum Stamm und an diesem hinunterlaufen, man spricht vom sogenannten Stammablauf der Buche. Dadurch versorgt sich die Buche mit einem größeren Anteil des Niederschlages und verschafft sich so Konkurrenzvorteile. Pflanzen unter der Krone auf dem Waldboden hingegen erhalten weniger Niederschlag.

Oft heißt es, die Buche sei gegenüber Trockenheit empfindlich. Dies gilt allerdings nur für plötzliche Trockenheit wie in Extremsommern. Hat sie sich dagegen in ihrem Leben an trockenere Standorte angepasst, kommt sie damit relativ gut zurecht. Aktuellen Trockenstress zeigen Buchenblätter, -zweige und -kronenbereiche sehr gut an: Bei der sogenannten Schiffchenbildung rollen sich die Blätter etwas nach oben ein. Verbessert sich die Wasserversorgung dann, werden sie wieder glatt.

Besser wächst die Buche natürlich wie jeder Baum bei guter Wasserversorgung. Sie bevorzugt Landregen und feuchte Luft, ein Klima, wie es in Küstennähe zum Beispiel in England herrscht. Im Osten ihres Verbreitungsgebietes machen ihr die häufigeren Spätfröste im Mai zu schaffen. Gegenüber Überflutung ist sie so empfindlich, dass sie bereits nach einer Woche im Wasser anfängt abzusterben und daher in natürlichen Auenwäldern keine Chance hat.

Buchen sind Lebensraum für viele Tierarten und Pilze, von denen der Zunderschwamm am bekanntesten ist und am häufigsten auftritt. Die Bucheckern werden gerne von Vögeln und Säugetieren verzehrt und versteckt. Sie tragen damit zur Verbreitung über einige Kilometer bei, wenn sie ihre Verstecke vergessen und die Früchte keimen. Die schweren Früchte würden solche Distanzen nicht schaffen.

Imposanter Parkbaum

Für die Forstwirtschaft ist die Buche attraktiv durch ihr hartes Holz mit rötlichem Farbton. Es werden Möbel und Gebrauchsgegenstände daraus hergestellt. Als Brennholz besitzen die Buchen einen hohen Heizwert.
Aus Bucheckern kann man Speiseöl gewinnen. Schweine trieb man früher zur Buchenmast in den Wald. Junge Buchenblätter lassen sich für Salate verwenden, die Holzasche diente einst zur Herstellung von Seifen und Zahnpasta.

Als Stadtbaum eignet sich die Buche nur bedingt: In Parkanlagen kommt sie wegen der waldähnlichen Situation bestens klar, als Straßenbaum hingegen zeigt sie Probleme, da ihr dann Bodenverdichtung und Streusalz zusetzen.

Viele Varietäten der Buche werden gern in Parkanlagen eingesetzt, zum Beispiel die Blut-Buchen. Das sind Rot-Buchen mit rötlichen Blättern. Bei einigen werden die Blätter im Laufe des Sommers immer grüner, bei anderen immer rötlicher. Grünen Blattfarbstoff enthalten sie aber trotzdem für die Fotosynthese, nur der Rotanteil ist etwas höher.

In der Heilkunde wurden Buchenblätter früher als kühlende Wundauflage verwendet, schließlich sind sie schön glatt und weich.

Die Buche besitzt eine goldgelbe bis braune Herbstfärbung.

Historisch bedeutsam

Die eindrucksvolle Erscheinungsform und frühere Häufigkeit der Buche haben zu einer gewissen Bedeutung in der Mythologie geführt. Mit Vorsicht genießen sollte man den Spruch »Vor den Eichen sollst du weichen, die Buchen sollst du suchen« (gemeint ist bei Gewitter). Als Ursache für die häufigeren Blitzeinschläge in Eichen spielt nämlich auch eine Rolle, dass Blitze an Buchen oft außen auf der nassen Rinde herablaufen – womöglich genau dort, wohin man sich schutzsuchend gestellt oder gesetzt hat! Der Blitz schlägt dann nicht in den Baum ein, sodass das Ereignis anschließend nicht mehr sichtbar ist – im Gegensatz zu zerborstenen Eichen.

Das Wort Buchstabe stammt von Buchenholzstäben, die man früher zum Schnitzen für erste Botschaften mit Runen verwendete. Orts- und Familiennamen mit Silben wie »büch« oder »puch« deuten auf die früher größere Verbreitung der Buche hin, zum Beispiel Hammbüchen und Buchholz.

Elsbeere

Seltene Schönheit

Die Blattform der Elsbeere ist einmalig und eigentlich unverwechselbar. Viele Menschen haben aber von ihr noch nie etwas gehört – kein Wunder, denn sie ist bei uns sehr selten.

In Niederösterreich bei Wien gibt es das Elsbeerreich, wo sich die Elsbeere (*Sorbus torminalis*) von ihrer besten Seite zeigt. Sie fällt Ende Mai durch ihre relativ späte und attraktive Blüte auf und im Herbst durch ihre traumhafte rote bis gelbe Laubfärbung. Die Ernte und Zubereitung ihrer zahlreichen Früchte sind für Liebhaber eine attraktive Beschäftigung an langen Herbstabenden. Der Stamm wirkt oft knorrig, die Krone ist rundlich – es sei denn, sie muss im Bestand das Licht suchen und sich nach oben recken.

Die Elsbeere gehört zur Familie der Rosengewächse und darin zur Unterfamilie der Apfelfrüchtigen, sie entwickelt also keine Beeren. Mehr zu dieser besonders großen Familie ist bei der Kirsche nachzulesen. Die Elsbeere war 2011 Baum des Jahres.

Apfelähnliche Früchtchen aus runden Knospen

Bei genügend Licht und entsprechendem Wuchsraum entwickelt der Baum eine rundliche, eiförmige Krone. Junge Elsbeeren bilden häufig Zwiesel aus: Hierbei gabelt sich der Stamm in zwei Stämmlinge, da die Gipfelknospen aus späten Johannistrieben nicht rechtzeitig verholzen und dann im Herbst frostgefährdet sind. Die Bezeichnung »Johannistriebe« bezieht sich auf den Johannistag am 24. Juni – ungefähr dann treiben bei manchen Baumarten die Knospen ein zweites Mal aus, so auch bei jungen, gut belichteten Elsbeeren.

An den Zweigen fallen die kleinen und kugeligen Knospen auf, mit ihren klebrigen, leuchtend grünen (bis gelblichen) Knospenschuppen. Kurztriebketten können bei der Elsbeere bis zu 66 Jahre alt werden – das höchste jemals von uns festgestellte Alter von Kurztriebketten. Sie doku-

Charakter der Elsbeere als Solitär mit breiter Krone im Elsbeerreich (Niederösterreich).

mentieren damit eindrucksvoll die Überlebensfähigkeit der Elsbeere in unterdrücktem Zustand im Bestandsschatten.

Ab dem 30. Lebensjahr reißt die Borke in vielgestaltige Schuppen auf (Typ Schuppenborke), sodass der Stamm dann ein charakteristisches Aussehen erhält, das nur mit dem Birnbaum zu verwechseln ist. Aber dessen Knospen sind braun und spitz.

Die Elsbeere wird maximal 200 bis 300 Jahre alt. Je nach Standort erreicht sie Baumhöhen von 20 bis 25 Meter (selten bis zu 30 Meter). Die Stämme können Umfänge von zwei bis drei Meter annehmen, bisweilen wächst die Baumart aber auch nur strauchförmig, zum Beispiel bei beständigem Windeinfluss an der Küste.

Die Blätter werden oft für einen Ahorn gehalten, allerdings besteht der entscheidende Unterschied darin, dass sie nicht gegenständig, sondern spiralig am Spross stehen. Sie sind außerdem nicht gleichmäßig handförmig gelappt wie beim Ahorn. Bei Windstärke 4 hört man im Sommer aus der Krone ein klackerndes Zischeln. Die Herbstfärbung verspricht ein Erlebnis: Zunächst ist sie rot (vielleicht sogar feuerrot), später geht sie oft über Orangefarben in Gelb über.

Die Krone der Elsbeere zeigt die charakteristischen Blätter und zahlreiche Blütenstände mit aufgehenden Blüten.

Die Blütezeit ist Ende Mai bis Anfang Juni, also relativ spät. Die weißen doldigen Blütenstände mit 30 bis 50 Einzelblüten werden vorwiegend von Käfern und Hautflüglern (zum Beispiel Bienen) bestäubt. Eine Elsbeere muss von anderen Bäumen fremdbestäubt werden, dagegen führt Selbstbestäubung zum kompletten Ausfall der Samenanlagen (das soll Inzucht verhindern; diese ist nachteilig und daher in der Natur unerwünscht).

Die Fruchtreife der Elsbeere findet von Juli bis September statt, der Fruchtfall erstreckt sich von Oktober bis Januar. Die länglichen bis rundlichen Früchte sind bis zwei Zentimeter lang, anfangs rötlich gelb und fest, später bräunlich mit kleinen hellen Warzen. Die Oberfläche ist mehlig und ledrig. Durch die sogenannten Steinzellennester schmeckt das reife Fruchtfleisch etwas körnig wie bei der Birne und charakteristisch süßsauer. Tiere verbreiten die Samen, am wichtigsten sind Drosselvögel, aber auch Fuchs und Marder.

Die natürliche Verjüngung erfolgt allerdings nur selten über Früchte, da ein großer Teil des Saatgutes vor allem von Mäusen gefressen wird und die Sämlinge einem starken Verbissdruck durch Wild ausgesetzt sind. Allerdings ist bei der Elsbeere das Ausschlagvermögen sehr groß. Die vegetative Vermehrung über Stockausschläge und Wurzelschösslinge spielt daher oft eine größere Rolle als die generative.

Das Herzwurzelsystem kann bei alten Stämmen Wurzeltiefen von ein bis zwei Meter erreichen. Die Wurzeln überschreiten in der seitlichen Ausdehnung den Kronendurchmesser erheblich. Elsbeeren sind an ihrem Standort daher fest verwurzelt, Ausfälle durch Windwurf sind sehr selten.

Rare Art an warmen Standorten

Die Elsbeere hat ein mittel- und südeuropäisches Verbreitungsgebiet mit Vorkommen bis nach Nordafrika und Kleinasien. In Deutschland ist sie im

Grunde bundesweit zu finden, allerdings nur sehr selten. Ihren Verbreitungsschwerpunkt hat sie im mittleren und südlichen Deutschland. Ein größerer Bestand findet sich im bereits erwähnten Elsbeerreich bei Wien.

Die Elsbeere ist mit ihrem submediterranen Verbreitungsschwerpunkt eine wärmeliebende und hitzeverträgliche Baumart, die man in unseren Breiten bevorzugt auf südexponierten Hängen in sonniger Lage antrifft. Sie meidet schattige und vor allem kühle Lagen, in denen sie nicht besonders häufig blüht. Die Sommerwärme begrenzt ihr Vorkommen bis auf maximal 700 Meter Meereshöhe. Ihre Frosthärte wird bis unter −25 °C eingeschätzt, aufgrund ihres späten Austreibens gilt sie zudem als spätfrosttolerant.

Die Elsbeere gehört heute zu den seltensten Baumarten in Deutschland. In Wäldern ist sie mit deutlich unter einem Prozent an der Waldfläche vertreten, es gibt nur verinselte Vorkommen oder Einzelbäume. Am häufigsten haben Elsbeeren dort überdauern können, wo Niederwald- und Mittelwaldwirtschaft in Mitteleuropa bis in das vorletzte Jahrhundert betrieben wurden (mehr dazu unter Hainbuche und Ess-Kastanie). Dabei

Die Elsbeeren-Naturverjüngung, entstanden aus Wurzelbrut, prunkt in der Herbstfärbung.

wurde die Art sicherlich durch die periodisch kräftige Freistellung sowie durch ihr hohes Ausschlagvermögen begünstigt. Sie steht heute in mehreren Bundesländern auf der Roten Liste als (stark) gefährdet.

Neben der Lebensraum-Bedeutung als Bienenweide dient die Elsbeere mit ihren Früchten auch vielen Vogel-Arten als Nahrungsquelle. Zudem wird das Fallobst gern von Kleinsäugern gefressen.

Die Elsbeere ist eine Übergangs-Baumart. Sie erweist sich nur anfangs als recht schattentolerant, benötigt aber schon bald mehr und mehr Licht und ab dem mittleren Alter eine freie Krone. Überschirmung (Beschattung) in dichten Beständen verringert sowohl das Wachstum als auch den Anteil blühender Elsbeeren und ihre Blühintensität. Die Konkurrenzschwäche der Elsbeere gegenüber Begleit-Baumarten wie Buche oder Ahorn stellt ein erhebliches Problem dar. Sie ist daher auf die Beachtung und Förderung durch den Menschen angewiesen.

Jungpflanzen der Elsbeere verbeißt und schält das Rehwild stark. Daneben tritt Verbiss durch Hasen und Mäuse auf. Verschiedene Pilzarten siedeln sich im absterbenden Holz von Elsbeerstämmen an, zum Beispiel Lackporlinge.

Ungewöhnlich schönes Holz

Aufgrund ihrer Seltenheit werden die Nutzungsmöglichkeiten der Elsbeere heute vollkommen unterschätzt. Das sehr schwere Holz ähnelt in Färbung und Beschaffenheit sehr dem Birnbaumholz, was auch zu seinem Handelsnamen »Schweizer Birnbaum« geführt hat. Etwa ein Drittel der Stämme zeigt eine mehr oder weniger deutliche Riegelung (siehe Ahorn) oder andere Strukturabweichungen.

Das feste, schwere, elastische und gut polierfähige Elsbeerenholz wird bis heute von Drechslern, Instrumentenbauern und Tischlern sehr geschätzt, früher war es beim Stellmacher (Wagner) begehrt. Im Jahre 1900 wurde es bei der Pariser Weltausstellung zum schönsten Holz der Welt gekürt. Zudem erweist sich die Elsbeere als ein wertvolles Ziergehölz für Gärten und Parkanlagen.

Aus den Früchten lassen sich unter anderem Kompott, Marmelade, Gelee oder Fruchtsäfte herstellen, man kann sie als Zutat für Schokolade, Konfekt, Käse, Plätzchen, Kuchen und Torten verwenden. Aus den jungen Zweigen kann man einen gelb- und rotbraunen Farbstoff gewinnen, der

Zur Zeit der Fruchternte schmückt die orangebraune Herbstfärbung der Elsbeere.

früher zum Färben von zum Beispiel Textilien und Lebensmitteln benutzt wurde. Schon die Römer schätzten die Elsbeeren-Früchte – nicht nur als Heilmittel. Die Äpfelchen wurden wegen ihrer Wirkstoffe gegen Cholera, Ruhr (daher auch der Name »Ruhrbirne«) und andere Durchfall-Erkrankungen eingesetzt. Das ist in einigen Regionen auch heute noch der Fall, auch um Vieh zu kurieren.

Erwähnt bei Martin Luther

In der Mythologie spielt die Elsbeere kaum eine Rolle, weil sie so selten ist. Und doch taucht sie in einigen Märchen und Sagen auf, zum Beispiel verwandeln sich in der Schweizer Sage »Die Feengrotte« am Ende Goldstücke in Elsbeerenblätter mit entscheidenden Auswirkungen auf den Ausgang der Geschichte.

Der Baum trägt viele verschiedene deutsche Namen, zum Beispiel Elschbirle, Else, Eisenbeere, Arlesbeere, Iltisbeere, Ruhrbirne, Sauerbirla, Sperberbaum. Als erster hat Martin Luther den deutschen Namen Elsbeere überliefert, der die Art und ihren Nutzen kannte und 1526 seinen Freund Agricola in einem Brief bat, »doch noch mehr von den köstlichen Früchten zu schicken«.

Gewöhnliche Esche

Flächendeckende Verjüngung

Als einzige Baumart, die so große tiefschwarze Knospen besitzt, ist die Esche unverwechselbar. Ihre Krone wirkt im Sommer durch die gefiederten Blätter außen zerfranst.

Schwarze Knospen und eine sparrige Verzweigung kennzeichnen die Gewöhnliche Esche.

Infolge der Fiederblätter hat die Esche (*Fraxinus excelsior*) eine besonders grobe, sparrige Verzweigung und fällt jedes Jahr im Frühjahr auf, weil sie erst als eine der letzten Baumarten austreibt. Da denken manche schon, sie wäre abgestorben und wollen sie absägen. Besonders wohl fühlt sie sich in der Nähe von Fließgewässern und in Schluchten der Mittelgebirge. Dann läuft ihr Wachstum zur Höchstform auf und sie kann trotz ihrer kurzen Belaubungszeit vielen anderen Baumarten davonwachsen. Ihre silbergraue Netzborke sieht edel aus.

Die Esche gehört in die Familie der Ölbaumgewächse, zusammen mit dem Olivenbaum und den Sträuchern Flieder, Forsythie und Liguster. Die Esche war Baum des Jahres 2001.

Wegwerftriebe für einen Sommer

Oft wird diese interessante Baumart übersehen (oder zumindest nicht beachtet), denn sie hat keine spektakulären Blüten, Früchte oder Rinde. Sie zeigt wenig Farbe im Jahreslauf, dafür aber eine Reihe von spannenden Besonderheiten. Kaum eine andere einheimische Baumart hat eine

Charakter der Esche mit zerfranster Kronen-Silhouette und starkem Stammanlauf.

derart grobe Verzweigung, aus der eine sparrige, kugelförmige Krone resultiert. Zusammen mit ihrer je nach Alter silbrigen Glattrinde oder aschgrauen Netzborke kann sie im Freistand die ihr eigene Wirkung entfalten.

Eine weitere Besonderheit sind die samtschwarzen Knospen. Diese sind nämlich dicht filzig mit schwarzen Härchen versehen und für das nächste Jahr bereits Ende Juli fertig entwickelt. An sehr wüchsigen Wipfeltrieben der Esche findet man über den Hauptseitenknospen häufig weitere Beiknospen. Falls diese nicht absterben, sondern ruhend bleiben, dienen sie als Ausgangspunkt von Regenerationen nach Verletzungen (man spricht von Reiterationen).

Die Esche wird ein bis zu 40 Meter hoher Baum und erreicht Stammumfänge bis zu fünf Meter (selten sieben Meter). Das Höchstalter beträgt 250 bis 300 Jahre.

Normalerweise stehen die Blätter zu zweit exakt gegenständig am Spross. An besonders wüchsigen Trieben an freistehenden Jungbäumen findet man aber häufiger dreizählige Blattquirle, die Blätter können auch am Spross versetzt oder sogar spiralig stehen. Die Blätter sind gefiedert, bestehen also aus einem Stiel (der Spindel) und den Fiederblättchen. Aus

Extrem spät beginnt die Esche erst nach allen anderen Baumarten bis Anfang Juni auszutreiben.

ökologischer Sicht sind sie als »Wegwerftriebe« zu interpretieren, da sich der Baum im Herbst mit den Blattspindeln der feinsten Verzweigungsordnung entledigt. Die Blattspindel kann während der Vegetationsperiode Fotosynthese betreiben, muss aber nicht frosthart gemacht werden. Bei Windstärke 4 hört man im Sommer aus der Krone ein helles Säuseln.

Eine besondere Herbstfärbung entfällt meistens oder sie ist höchstens gelblich grün. Die meisten Blätter fallen grün(lich) vom Baum, ein deutlicher Hinweis, dass es diese Baumart gar nicht nötig hat, im Herbst den Stickstoff aus ihren Blättern zu recyceln, wie es andere Baumarten tun – mit der Folge einer deutlichen Herbstfärbung. Damit hängt das Vorkommen der Esche zusammen, die nur auf besseren Standorten wächst. Der hohe Stickstoffgehalt hat außerdem zur Folge, dass im Herbst auf den Boden fallende Eschenblätter sehr rasch zersetzt werden, sodass bereits im Frühjahr keine vollständigen Blätter vom vorigen Jahr mehr zu finden sind.

Die unauffälligen Blüten befinden sich zu vielen in reich verzweigten rispigen Blütenständen und erscheinen bereits lange vor den Laubblättern im März/April. Eschenblüten sind zweigeschlechtig. Allerdings kann als eine weitere Besonderheit auf einem Baum das eine oder andere Geschlecht mehr oder weniger reduziert sein. Dies führt bis hin zu rein männlichen oder weiblichen Blüten, es kommen sogar rein männliche oder weibliche Bäume vor. Den Blüten fehlen auffällige Kelch- und Kronblätter, denn die Esche wird durch den Wind bestäubt.

Die Früchte sind Flügelnüsse. Sie fallen während des ganzen Winters aus der Krone, werden durch die Flügel zu Schraubenfliegern und erreichen so Entfernungen von bis zu 125 Meter vom Mutterbaum. Durch alljährliches und reichliches Fruchten rein weiblicher Eschen kann es zu geringeren Höhen- und Dickenzuwächsen dieser Bäume kommen. (Die vielen Früchte müssen schließlich ernährt werden.)

Die Samen unterliegen einer starken Keimhemmung. Sie bleiben in der Regel zunächst zwei Winter auf dem Boden liegen, bevor sie keimen. Die Keimhemmung ist dadurch bedingt, dass der Embryo zur Zeit der Fruchtreife noch nicht fertig entwickelt ist.

Die Esche entwickelt ein Herzwurzelsystem. Sie schlägt sehr gut aus dem Stock wieder aus. Dadurch kann sie sich zum Beispiel gegenüber der Buche Konkurrenzvorteile an Steilhängen verschaffen, da der dort immer im Rutschen befindliche Boden zu häufiger Beschädigung der Gehölze führt und ausschlagfreudige Arten dies eher vertragen.

Nur in der Jugend schattentolerant

Das Verbreitungsgebiet der Esche erstreckt sich über ganz Europa bis nach Vorderasien, ausgenommen sind das äußerste Nordeuropa und Teile Spaniens. Am weitesten nach Osten dringt sie in Auenwäldern entlang der Flüsse vor. In den östlichsten und nördlichsten Randbereichen ihres Verbreitungsgebietes kommt die Esche dann häufig nur noch in Strauchform vor. Die Höhenverbreitung reicht von der Ebene bis ins Bergland.

Es handelt sich um eine Übergangs-Baumart. Die Sämlinge weisen eine sehr hohe Schattentoleranz auf, was ihnen zunächst ein Gedeihen auch unter einem geschlossenen Altbestand erlaubt. Diese Schattentoleranz lässt jedoch bald nach, und für eine weitere Entwicklung ist dann zunehmend eine ausreichende Beleuchtung von entscheidender Bedeutung, sodass die Esche im Alter schließlich zur Licht-Baumart wird – das heißt, sie benötigt volles Licht.

Dabei ist die ökologische Strategie der Esche im Schatten darauf gerichtet, sehr schnell in die Höhe zu wachsen, um eine Lücke im Kronendach zu erreichen; sie vermeidet dann zunächst fast jegliche Verzweigung. So schafft sie es sehr erfolgreich, sich in Wiesen, Hecken oder Felsspalten den Weg zum Licht zu bahnen. In alten Wäldern ist dies jedoch verhängnisvoll – die jungen Eschen können das Kronendach nicht erreichen und sterben ab.

Unsere Untersuchungen belegen die enorme Reaktionsfähigkeit der Eschenblätter auf die Lichtverhältnisse. Danach können sowohl die gesamten Blätter als auch die einzelnen Fiederblättchen Drehungs- und Biegungsbewegungen ausführen, um sich jeweils den Lichtverhältnissen optimal anzupassen. Das kann so weit gehen, dass die gesamte Krone – Blätter und Zweige – einen Links- oder Rechtsdrall bekommt.

Gegenüber Spätfrösten im Frühjahr ist die Esche empfindlich. Verstärkt wird diese Gefährdung noch durch die oft lagebedingte Frostgefährdung, da sie häufig in Mulden und Tälern oder an deren Rändern vorkommt.

Als weitere Besonderheit dieser Baumart kann es zur »Verschung« kommen: Es ist keine Ausnahme, wenn auf Naturverjüngungsflächen mehr als 1000 junge Eschen auf einem Quadratmeter stehen. Daraus können sich Eschen-Reinbestände entwickeln, in denen nachweislich anfangs auch andere Baumarten vorkamen. Dafür haben wir folgende Erklärung: In dichten Verjüngungen ist das Wurzelwachstum der Eschen so intensiv auf die oberen Bodenbereiche (bis 15 Zentimeter Tiefe) konzentriert, dass mit ihnen vergesellschaftete Buchen mit ihren Wurzeln in tiefere Bodenhorizonte ausweichen müssen. Dies hat zur Folge, dass die jungen Buchen in sommerlichen Trockenperioden vertrocknen, die Eschen hingegen kurze Regenschauer ausnutzen können.

Die Esche trifft man von Natur aus vor allem häufig in der Nähe von Fließgewässern an (sogenannten Erlen-Eschen- und Eschen-Ulmen-Auenwälder) und an Steilhängen (Ahorn-Eschen-Schatthangwälder). Sie bietet zahlreichen Insekten (zum Beispiel Eschen-Bastkäfer, Eschen-Zwieselmotte) und Pilzen (zum Beispiel Zottigem Schillerporling) einen wichtigen Lebensraum. Viele Wildtiere ernähren sich von ihren Zweigen, was sich zum Beispiel im Wald in starkem Verbiss äußert.

Mit ihren gefiederten Blättern, den »Wegwerftrieben«, ist die Esche sehr anpassungsfähig, denn die Blätter sind drehbar und gut zu kühlen.

Edellaubholz mit nahrhaften Blättern

Das Holz ist ringporig, das heißt, die Jahrringe sind wegen des Wechsels von großen Frühholzzellen zu kleineren, dickwandigen Spätholzzellen sehr gut zu erkennen. Die Esche entwickelt in höherem Alter einen hellbraunen Kern, der von einem hellgelblichen, breiten Splint umgeben ist. Eschenholz zählt seit Langem zu den wertvollsten Hölzern des mitteleuropäischen Waldes. Daher wird es forstwirtschaftlich zusammen mit anderen Baumarten auch als Edellaubholz bezeichnet. Die wichtigste Verwendung ist heute die Herstellung von Sportgeräten, Werkzeugstielen, Möbeln (Biegemöbel) und Deckfurnieren.

Eschenlaub war früher ein wichtiges Winterfutter für das Vieh und wurde teilweise an eigens dafür angelegten »Schneitelbäumen« gewonnen. Der Schnitt geschah im Sommer, die Blätter wurden getrocknet. Diese Verwendung des Eschenlaubes für Futterzwecke war so bedeutsam, dass viele sehr alte Eschen in der Nähe von Bauernhöfen und Burgen darauf zurückgehen. Im Alpenraum werden kranke Tiere noch heute mit Eschenblättern als Krankenkost gefüttert. Außerhalb des Waldes ist die Esche vor allem in Nord- und Osteuropa sowie in den Mittelgebirgen ein verbreiteter Allee- und Stadtbaum.

In der Heilkunde haben die Blätter bei Rheuma und Gicht Bedeutung: Man bereitet daraus Tee als Medizin zu. Die abgeschabte Rinde junger Bäume wurde Fieberkranken als Tee eingeflößt und dient als schmerzstillendes Heilmittel. Aus jungen Blättern lassen sich leckere Salate herstellen.

Weltenesche Yggdrasil

Bei Dichtern und in der Mythologie führt die Esche eher ein Schattendasein, doch die Weltenesche Yggdrasil in der bekannten nordischen Edda-Sage macht eine bedeutsame Ausnahme: Als lebendige Säule durchdringt und verbindet diese seit dem 13. Jahrhundert mit ihren drei Wurzeln die unterschiedlichen Welten.

Die Esche war früher das Symbol für die Macht des Wassers. In ganz Nordeuropa war sie geheiligt und daher geschützt. Fällte man im angelsächsischen Raum zwei Eschen, stand darauf sogar die Todesstrafe. Das Glück einer Ehe beschützte in Schottland ein über das Bett gehängter Eschenzweig, bei den Römern war die Baumart das Symbol einer glücklichen Ehe und ihrer Freuden.
Weithin bekannt ist der Wetterspruch:

Grünt die Eiche vor der Esche,
gibt's im Sommer große Wäsche.
Treibt die Esche vor der Eiche,
bringt der Sommer große Bleiche.

Dies soll vorhersagen, ob der Sommer nass oder trocken wird. Für eine schlüssige Aussage muss man natürlich in etwa gleich alte, nebeneinander und einigermaßen frei stehende Bäume miteinander vergleichen. Wenn man berücksichtigt, dass selbst die Meteorologen von heute eine so langfristige Vorhersage nicht schaffen, fasziniert es doch, wie oft diese Regel zutrifft und sich deshalb großer Beliebtheit erfreut. Bei uns in Tharandt hat die Esche auf diese Weise schon zweimal Extremhochwasser »vorhergesagt«.

Kenner wissen, dass früher Vampiren der Garaus gemacht wurde, indem man ihnen einen Eschen-Holzpflock durch das Herz rammte – dies war tatsächlich bis 1835 in England ein fester Brauch!

Der Name *Fraxinus* leitet sich vom griechischen Wort »phrasso« (= umzäunen) ab, da sich junge Bäume gut zur Verwendung als lebende Zaunpfähle eignen. Familien- und Ortsnamen wie Eschenbach und Aschau lassen sich auf diese Baumart zurückführen.

Seit einiger Zeit macht den Eschen ein Triebsterben zu schaffen, bei dem Zweige, Kronenbereiche und ganze Bäume absterben können. Der pilzliche Erreger lebt vor allem in den Blättern und bringt Zweigspitzen zum Absterben.

Gewöhnliche Fichte und Blau-Fichte

Überleben unter widrigen Umständen

Eine Fichte wirkt immer etwas rau und spießig. Ihre Krone entwickelt sich zunächst nach klaren Regeln: Der Wipfel dominiert und hindert alle Seitenzweige am Aufrichten.

Die Fichte sorgt auch im Winter für willkommenes Grün, da ihre Nadeln etwa sieben Jahre am Baum bleiben. Die Gewöhnliche Fichte (*Picea abies*) kommt besonders gut mit rauen Klimabedingungen zurecht. Kalte Winter und kühle beziehungsweise kurze Sommer wirken sich eher günstig auf ihr Wachstum aus. Auf natürlichen und geeigneten Standorten kann sie ihre Stärken ausspielen und zeigt dann ein enormes Anpassungspotenzial der Krone, was zu einer beeindruckenden Form- und Gestalt-Vielfalt führt. Bei Wind hört man aus ihrer Krone ein hohes Rauschen.

Die Blau-Fichte (*Picea pungens*) ist bekannt als »Blautanne« und beliebt als Weihnachtsbaum. Sie wurde und wird deshalb oft in Vorgärten angepflanzt, mit Lichterketten behängt und dann wachsen gelassen (sprich vergessen). Daher ist sie inzwischen die häufigste Fichten-Art in unseren Städten und Dörfern geworden. Ihre Besonderheiten werden kompakt am Ende dieses Abschnitts vorgestellt.

Charakter der Gewöhnlichen Fichte mit dominierendem Wipfeltrieb und kegelförmiger, durch Zweigspitzen »spießiger« Krone.

Die besondere Wuchsform der Zitzenfichte weist angeschwollene Astansätze durch lokale Zuwachssteigerungen auf.

Die Fichten gehören zur Familie der Kieferngewächse und darin zur Unterfamilie der Tannenartigen, deren Nadeln sich nur an Langtrieben befinden. Die Fichte ist zum Baum des Jahres 2017 ernannt worden.

Vielgestaltiges Erscheinungsbild

An der Wuchsform der Fichte fällt zunächst die klare Arbeitsteilung in der Krone auf: Der einzige deutlich erkennbare Wipfeltrieb wächst senkrecht nach oben, dominiert und sorgt für den Höhenzuwachs, während die mehr oder weniger waagerecht orientierten Seitenäste den Luftraum seitlich erobern sollen. Zudem nehmen die Seitentrieblängen an den Jahresabschnitten des Wipfels immer von unten nach oben zu, wodurch deutliche Absätze in der Verzweigung entstehen. An diesen lassen sich zum Beispiel am Weihnachtsbaum sehr gut die Jahreszuwächse der letzten Jahre erkennen.

Interessant erscheinen die vielen verschiedenen Wuchsformen (Habitus-Typen): Obwohl sich das Wachstumsprinzip so schlicht darstellt, wird es durch die Umweltbedingungen auf verschiedenste Weise abgewandelt: Die Bäume passen sich an Wind, Schnee, den Sonnenstand und anderes an und werden teilweise zu bizarren Gestalten. Dafür gibt es dann so schöne Bezeichnungen wie Fahnen-, Kandelaber-, Schlangen-, Harfen-, Säulen-, Zitzenfichte. Spätestens beim Betrachten dieser Formenvielfalt wird man ehrfürchtig vor dieser Baumart. Besonders schön ausgeprägt sind ihre Variationen im Hochgebirge, da dort viele verschiedene Umweltfaktoren kleinräumig sehr intensiv und zum Teil in Kombination auf die Bäume einwirken.

An Fichten kann man außerdem drei verschiedene Verzweigungstypen unterscheiden: Bei der Kammform hängen die Seitenzweige höherer Ordnung schlaff und lang von den Hauptseitenästen herab, beim Bürstentyp sind sie rundherum um die Hauptzweige angeordnet und beim Plattentyp überwiegend waagerecht beidseitig der Hauptäste ausgerichtet. Zum Teil ist diese Differenzierung vererbt, sie kann aber durch die Umwelt grundlegend abgewandelt werden: »Lamettafichten« (ausgeprägte Kammfichten) zum Beispiel trifft man nie in windexponierten Lagen an, da dort die herabhängenden Seitenzweige vom Wind abgeschlagen würden. Ein anderer wesentlicher Einflussfaktor ist Schnee. Tritt er regelmäßig und reichlich auf, werden schlankkronige und Kammfichten begünstigt wegen ihrer geringeren Schnee-Auflagefläche und des dadurch selteneren Astbruchs. Dabei greifen also Vererbung und Umwelt-Einflüsse ineinander.

Dem Boden aufliegende Seitenäste können sich bewurzeln und eigenständige Bäume werden, also einen Klon bilden. Besonders gut funktioniert dies auf feuchten Standorten mit einer Moosschicht.

Die Rinde wird eine dunkle Schuppenborke. Fichten können Baumhöhen von über 60 Meter erreichen. Ihre beachtliche Größe wird nur noch von Weiß-Tannen übertroffen. Der Stamm kann einen Umfang von drei Meter erreichen (selten vier bis fünf Meter). Das Höchstalter liegt bei 300 Jahren, im Gebirge auch darüber.

Zapfenbildung in der Not

Die Nadeln der Fichte sind immergrün und bleiben etwa sieben Jahre an den Zweigen – in Stress-Situationen nur vier, im Hochgebirge bis über zehn Jahre. Wenn sie dann an den älteren Astabschnitten abfallen, entstehen in diesen Zweigbereichen neue »Ersatztriebe« aus schlafenden Knospen, die die verlorengegangenen Nadeln ersetzen und weiter Fotosynthese betreiben. Bei Windstärke 4 hört man aus der Krone ein helles, gleichmäßiges Rauschen.

Die Blüten der Fichte erscheinen im Mai, allerdings nur auf Zweigen der oberen Krone, weshalb man sie selten sieht. Dabei sind sie von Nahem wunderschön anzusehen, da die weiblichen Blütenstände zeitweise rot werden. Die daraus entstehenden Zapfen hängen dann herab und fallen schließlich nach der Reife als Ganzes ab. (Bei Tannen stehen sie dagegen aufrecht auf den Zweigen und zerfallen am Zweig, siehe Abschnitt Weiß-Tanne.)

Oft heißt es, Fichten seien Flachwurzler, was nicht ganz richtig ist. Denn sie können bei günstigen Bodenverhältnissen ein deutlich herzförmiges Wurzelsystem entwickeln, das bis in Tiefen von 1,50 Meter reicht. Dazu kommt es aber nicht, wenn im Boden Verdichtungs- oder Vernässungszonen auftreten, denn darauf reagiert die Fichte empfindlich. Dann entsteht tatsächlich ein flaches Wurzelsystem mit Senkern, sodass sich die Wurfgefahr des Baumes bei Wind erhöht.

Gelegentlich tritt eine »Notfruktifikation« auf: Wenn der Baum merkt, dass es mit ihm zu Ende geht, investiert er seine Reserven in die Zapfenbildung. Damit verausgabt er sich allerdings nochmals und verschärft seine Probleme. Dies kann bei schwerem Zapfenbehang zum Herabbiegen oder Abbrechen des Wipfels führen.

Stürme treten vor allem im Herbst und Winter auf, wenn Laubbäume kahl sind und daher dem Sturm wenig Angriffsfläche bieten. Die Fichte hingegen mit ihrem weit oben befindlichen Kronenschwerpunkt fängt dann an zu schwanken, stampft dabei den Boden und kann schließlich umfallen, falls die Flachwurzeln nicht mit den Nachbarbäumen verwachsen sind. Wurzelverwachsungen treten zwischen Bäumen derselben Baumart verbreitet auf und sorgen für Standsicherheit und Informations-Austausch. Sie sind bei Fichten häufig, da diese oft in Reinbeständen wachsen. Im Wald kann man häufig Baumstümpfe (Stubben) sehen, die noch Zuwachs zeigen. Die dafür notwendigen Kohlenhydrate können nur von Nachbarbäumen stammen.

Leidensdruck an nicht optimalen Standorten

Das natürliche Verbreitungsgebiet der Fichte hat seinen Schwerpunkt in mittel- und südosteuropäischen Gebirgs-Landschaften (dort vor allem in den höheren Lagen). Es erstreckt sich im Tiefland aber auch über ganz Skandinavien bis weit in den Norden. Die Baumart kommt besonders gut mit Kälte klar und kann dann ihre Stärken ausspielen. In Deutschland gibt es allerdings natürliche Fichten-Vorkommen auch im Tiefland, wo Kaltluft und feuchte Bodenverhältnisse zusammenkommen, wie zum Beispiel in der Oberlausitz (Sachsen). Etwas besonders Schönes und Kostbares sind naturnahe Bergmischwälder aus Fichte, Tanne, Berg-Ahorn und Buche im Schwarzwald, Erzgebirge und Bayerischen Wald.

Die Nadeln an den zwei Ersatztrieben ersetzen an sieben Jahre alten Seitenästen einer Fichte die abfallenden alten Nadeln.

In vielen Regionen bildet die Baumart im Gebirge die Wald- oder Baumgrenze. Vor allem in den Alpen sind die Fichten dann in der »Kampfzone« beeindruckend vom Ringen ums Überleben gezeichnet: Immer wieder sterben Teile der Krone in Extremsituationen ab und Wiederaustriebe aus schlafenden Knospen ermöglichen das Überleben. Ältere Bäume können dann zu 100 Prozent aus solchen »Ersatztrieben« bestehen – dafür wurden die schlafenden Knospen angelegt und können bei Bedarf schnell aktiviert werden.

Solche »Kampffichten« sind ungemein faszinierende Bäume. Oft sieht man ihnen ihr hohes Alter nicht an (zwei Meter hohe Fichten können schon über 100 Jahre alt sein). Immer wieder sind Teile ihrer Krone abgestorben, heruntergedrückt oder abgebrochen, Seitenäste richten sich auf oder kriechen auf dem Boden dahin, die Wuchsform verändert sich grundlegend.

Wenn Fichtensamen auf einem umgestürzten Baumstamm oder einem Baumstumpf keimen, spricht man von Ammenverjüngung. Dies klappt nur bei ausreichenden Feuchtigkeits-Bedingungen, am besten mit einer Moosschicht auf der Rinde oder auf dem morschen Holz des Stammes (beziehungsweise Stubbens), zum Beispiel in regen- und luftfeuchten Wäldern, in Gebirgstälern, nahe Meeresküsten oder auf nassen Standorten. Nachdem der liegende Stamm oder der Stubben dann später verrottet ist, stehen die Jungbäume wie auf Stelzen, wenn ihre Wurzeln den Erdboden erreicht haben.

Die Fichte ist eine Übergangs-Baumart. Ihre Schattentoleranz ist nur in der Jugend hoch, dann benötigt sie bald mehr Licht. Frosttrocknis im Frühjahr kann ein Problem sein, wenn der Boden noch gefroren ist: Die Nadeln besonnter Fichten verdunsten im Spätwinter Wasser, aber es kommt kein Nachschub aus dem gefrorenen Boden, sodass die Bäume dann absterben können.

Die Kampffichte im Gebirge ist geprägt durch extreme Witterungseinflüsse – mit Kandelaber-Wipfel und kriechenden bewurzelten Seitenästen.

In jüngerer Zeit nehmen die Trockenschäden an Fichten zu, da die Baumart mit warmen, trockenen Sommern auf nicht gut geeigneten Standorten Probleme hat. Insofern ist sie derzeit im Grunde zu bedauern. Ihre Verwendung in der Forstwirtschaft soll optimiert werden.

Fichtenkronen sind ein sehr beliebter Lebensraum. Eichhörnchen holen sich gerne die Samen aus den reifenden Zapfen im Spätsommer oder Herbst und schlagen dabei reichlich Zweige ab. Man könnte denken, ein Sturm wäre dafür verantwortlich; der Boden ist dann flächig mit vielen Zweigstücken übersät.

Regelmäßiger häufiger Verbiss von Reh- oder Rotwild kann in der Jugend zunächst zu bonsaiartig kompaktem Wuchs führen. Schaffen es die Bäume dann schließlich doch irgendwann, aus der Verbisszone (in ein bis zwei Meter Höhe) herauszuwachsen, sieht man ihnen ihre harte Jugend oft noch für lange Zeit an, da sie unten am Stamm eine strauchförmige Unterkrone haben (Bild Seite 28).

Althergebrachter Weihnachtsbaum

Am häufigsten wird die Fichte als Waldbaum in der Forstwirtschaft verwendet. In großen Verbreitungsgebieten der Wälder ist sie die häufigste Baumart, oft in gleichaltrigen Reinbeständen. Dies und die damit verbundenen Probleme haben ihren Ruf erheblich ruiniert, daran aber hat die Fichte keine Schuld. Ursache für ihren großen Waldanteil ist ihr schneller Wuchs und die gute Nutzbarkeit vor allem als Bau- und Brennholz. Zudem erfordern Fichten-Reinbestände nicht viel waldbauliches Können.

Außerdem kann man junge Fichten schon als Weihnachtsbäume verkaufen und für Deckreisig nutzen. Im Laufe der Jahrhunderte zeigte sich allerdings, dass Reinbestände über mehrere Generationen zu Verschlechterungen des Standortes führen, und die Gefährdung durch Schädlinge und Windwurf nimmt dann zu.

Honig aus Fichtenwäldern wird meist als Waldhonig bezeichnet und ist besonders dunkel und aromatisch. Fichtenhonig stammt nicht immer von Bienen, sondern man kann ihn aus jungen Maitrieben sogar selbst herstellen.

Man baut diese Bestände derzeit auf großen Flächen in Mischbestände zum Beispiel mit Buche um. Dieser Waldumbau wird allerdings mehrere Jahrzehnte dauern, da die stehenden Altbäume noch genutzt werden sollen. Unter diesen Gesichtspunkten entspannt sich meist die Diskussion um die Kritikpunkte an der Fichte deutlich, denn es ist nicht die Baumart, sondern ihre Bewirtschaftung, die Probleme macht.

Die meisten kennen die Fichte als Weihnachtsbaum. Heutzutage werden zwar häufiger Nordmanns-Tannen oder Blau-Fichten dafür verwendet, doch die Gewöhnliche Fichte ist noch erhältlich (und bezahlbar). Auf öffentlichen Plätzen stellt sie immer noch den häufigsten Weihnachtsbaum. Sie hat in der Wohnstube allerdings den Nachteil, dass sie relativ schnell nadelt, wenn der Baum austrocknet. Das lässt sich etwas hinauszögern: Die Stammbasis wird nochmals abgesägt, der Baum dann sofort in Wasser gestellt, dazu kommt tägliches Einsprühen der Zweige.

Wir haben in Experimenten herausgefunden, dass Fichten das Wasser bei Trockenstress auch direkt über die Nadeln aufnehmen können. Es wird dann sogar in den Zweigen rückwärts transportiert, bei unseren Versuchen bis zu 50 Zentimeter weit. Aber nach spätestens zwei bis drei Wochen in der warmen Stube ist der Baum in der Regel am Ende.

In der Heilkunde war die Fichte schon seit Langem bekannt: Harz, Nadeln, Triebe und Rinde wurden häufig gegen verschiedenste Krankheiten verwendet, zum Beispiel gegen Gicht, Rheuma und Erkältungen. Auch heute hat die Fichte dafür noch Bedeutung, dabei wurde und wird sie meist nicht von der Tanne unterschieden. Man bekommt Salben und Öle, die durchblutungsfördernd, entspannend und schleimlösend wirken.

In der Mythologie steht die immergrüne Fichte als Symbol für die Unendlichkeit des Lebens. Maibäume waren früher häufig Fichten, die am 1. Mai aus dem Wald geholt und verziert als Schutzbaum aufgestellt wurden.

Hilfsprogramm bei Trockenstress

Durch die direkte Wasseraufnahme der Nadeln haben die Bäume am Naturstandort Vorteile in Trockenperioden, wenn nachts Tau fällt. Der Tau kann aufgenommen werden und ermöglicht etwas Entspannung vom Trockenstress bis zum nächsten Morgen nach Sonnenaufgang. Daher starben Fichten in einem Experiment bei uns auch nicht, als wir sie von jeglicher Wasserversorgung über die Wurzeln aus dem Boden abgeschnitten hatten, sondern sie lebten noch mehrere Jahre weiter, bis das Experiment auslief. Da waren wir doch ziemlich überrascht. Bei Wassermangel nutzen ältere Fichten zudem den Stamm als Wasserspeicher. In den älteren Jahrringen ist Wasser deponiert für Krisenzeiten, das immerhin für eine Versorgung bis zu drei Wochen reicht. Dabei schrumpft der Stamm messbar durch die Austrocknung.

Lebt der Weihnachtsbaum in der Stube eigentlich noch? Ja natürlich! Jedenfalls solange er noch Fotosynthese betreibt, selbst wenn die Wurzeln fehlen. Ein Fernsehsender wollte einmal von mir wissen, wie viele Nadeln ein normal großer Weihnachtsbaum hat. Die haben wir dann gezählt: Es sind 120 000! Da war ich selbst überrascht.

Vor einigen Jahren hat ein schwedischer Geografie-Professor die Öffentlichkeit mit der Sensations-Meldung wachgerüttelt, dass in Nordschweden mit fast 10 000 Jahren der älteste Baum der Erde entdeckt worden sei – eine Fichte. Und diese Falschmeldung hält sich seitdem hartnäckig in vielen Internetquellen und Publikationen. Bei genauerer Überprüfung stellte sich dann nämlich zweifelsfrei heraus, dass die Fichten dort nur etwa 300 Jahre alt sind und lediglich der Wurzelstock ein höheres Alter aufweist. Wenn man jedoch als Alterskriterium nicht den heute lebenden Baumstamm, sondern den ursprünglichen Wurzelstock verwendet, hält eine nordamerikanische Zitter-Pappel mit über 50 000 Jahren den Rekord. Das ist schon lange bekannt. Fichten können als Einzelbaum hingegen maximal etwa 500 Jahre alt werden.

Fichten fungieren als Barometer: Beobachtet man immer dieselben unteren Seitenäste von Fichten bei verschiedenem Wetter, stellt man fest, dass sich die Zweige bei feuchtem Wetter heben, bei trockenem absenken. Dies kommt dadurch zustande, dass das Holz auf Astober- und -unterseite bei Austrocknung beziehungsweise Befeuchtung unterschiedlich stark schrumpft.

Charakter der Blau-Fichte mit blaugrünen Nadeln und hoher Trockenheits-Toleranz. Es ist ein durchgewachsener Weihnachtsbaum auf einem versiegelten Dorfplatz.

Beliebte Blau-Fichte

In der Stadt ist die Blau-Fichte viel häufiger als die Gewöhnliche Fichte. Sie wurde erst 1863 aus dem Felsengebirge im Westen Nordamerikas nach Europa eingeführt. Sie hat steife, stechende blaugraue Nadeln und wird seit Langem als beliebtester Outdoor-Weihnachtsbaum in unseren Gärten und auf öffentlichen Plätzen gepflanzt. Diese Bäume sind dann »unbemerkt« jahrelang weiter gewachsen und haben inzwischen stattliche Größen erreicht.

Auch als Indoor-Weihnachtsbaum ist die Blau-Fichte heute bei uns wegen ihrer bläulichen Nadelfarbe und ihres angenehmen Geruches beliebter als die Gewöhnliche Fichte. Ihre Nadeln halten zudem bei Zimmerwärme deutlich länger, stechen allerdings beim Schmücken des Baumes.

Die blaugraue Farbe der Nadeln hängt mit der Herkunft der Bäume (oder ihrer Vorfahren) aus höheren Gebirgslagen zusammen. Dort bildet der bläuliche Wachsüberzug der Blätter einen Schutz gegen die intensive ultraviolette Strahlung. Er tritt als Verdunstungsschutz auf allen Blättern und Nadeln auf, ist allerdings in der Regel so dünn, dass man ihn kaum wahrnimmt. Wird er verstärkt, erkennt man seine graublaue Farbe.

Gewöhnliche Hainbuche

Liebling der Regenwürmer

Einen derart eindrucksvollen Stamm wie die Gewöhnliche Hain- oder Weißbuche entwickelt keine andere unserer Baumarten. Sie ist allerdings keine Buche.

Im Alter ziehen sich Rippen und Kehlen wie Muskeln am meist etwas schiefen oder gebogenen Stamm der Gewöhnlichen Hainbuche (*Carpinus betulus*) von den Wurzelanläufen bis in die Äste, was zusammen mit der glatten silbergrauen Rinde zauberhaft aussieht – man spricht dabei von Spannrückigkeit. Es entsteht der Eindruck, einzelne Wurzeln seien direkt mit bestimmten Ästen verbunden. Die goldgelbe Herbstfärbung bildet dann die Krönung dieser Stammgestalt im Oktober, vor allem wenn ein Teil der Blätter bereits unter dem Baum am Boden liegt und diesen zum Leuchten bringt.

Die Hainbuche ist zwar ein Baum, der im Hain wächst, aber sie ist keine Buche. Denn sie gehört zu einer ganz anderen Familie, nämlich wegen ihrer Kätzchenblüten und Nussfrüchte zusammen mit Erlen und Birken zu den Birkengewächsen. Die Hainbuche war Baum des Jahres 1996.

Gefaltete Blätter das ganze Jahr

Was die Wuchsform betrifft, gehört die Hainbuche bis auf das zuvor Gesagte eher zu den unauffälligen Baumarten. Die Rinde ist zunächst glatt wie die der Buche (Typ Glattrinde), im Alter entwickelt die Hainbuche dann aber deutliche Längswülste. Unverwechselbar ist der silbrig graue Stamm der Hainbuche wegen der Spannrückigkeit – man sieht und fühlt die Ein- und Ausbuchtungen dieser Stammoberfläche, die sich als Wellen auch im Holzquerschnitt wiederfinden. Von außen wirkt es, als ob sich die Wurzeln bis in die Krone hinein fortsetzen würden. Unsere Untersuchungen haben jedoch gezeigt, dass dies nicht zutrifft. Oft ist der Stamm deutlich drehwüchsig.

Hainbuchen reagieren im Frühjahr vor dem Austreiben sehr empfindlich auf Verletzungen. Dann läuft aus Wunden der kohlenstoffreiche »Blutungssaft« aus. Er schmeckt aufgrund seines relativ hohen Zuckergehaltes etwas süßlich. Hainbuchen sollten deshalb nicht im Frühjahr vor dem Austreiben beschnitten werden. Im Übrigen kann die Hainbuche aber Wunden gut gegen Infektionen schützen. Man spricht im Fachjargon von einem guten Abschottungsvermögen.

Die Zweige (auch Wipfeltriebe) wachsen zunächst waagerecht und richten sich erst anschließend bei ausreichender Belichtung auf, was wie bei Linde und Buche als Zeichen für Schattenanpassung zu interpretieren ist.

Die Hainbuche erreicht Stammumfänge von drei bis vier Meter (selten fünf Meter) und Höhen von 20 bis 25 Meter bei einem Höchstalter von 200 bis 300 Jahren.

Die Blätter sind im Gegensatz zur Buche am Rand doppelt gesägt und fühlen sich älter und derber an. Die Hainbuche erkennt man auch gut daran, dass die Blätter das ganze Jahr über so aussehen, als hätten sie sich nicht richtig entfaltet. Bei Windstärke 4 hört man im Sommer aus der Krone ein helles klackerndes Rauschen. Die Herbstfärbung ist intensiv goldgelb, die Blätter werden als Lieblingsfraß der Regenwürmer bezeichnet und daher schnell zersetzt.

Die Hainbuche lässt ihre männlichen Blütenstände, die Kätzchen, »nackt« überwintern, das heißt, sie sind gut sichtbar und nicht in Knospen versteckt. Die weiblichen dagegen erscheinen erst beim Austreiben aus den Knospen. Die windbestäubten, eingeschlechtigen Blüten sind unauf-

Die Hainbuche besitzt eine goldgelbe Herbstfärbung.

fällig. Die weiblichen Kätzchen entwickeln sich zu Fruchtständen mit Flügelnüsschen, die im Herbst und Winter vom Wind verfrachtet oder von Tieren gefressen werden. Die Wurzeln bilden ein Herzwurzelsystem.

Schattentoleranz bis ins hohe Alter

Die Hainbuche ist nach der letzten Eiszeit als eine letzte einheimische Baumart wieder bei uns aufgetaucht, nämlich erst vor 2000 bis 3000 Jahren. Ihr heutiges Verbreitungsgebiet erstreckt sich über Mitteleuropa und große Teile Süd- und Osteuropas, vom Tiefland bis in 2000 Meter Höhe in den Gebirgen.

Die Baumart war im letzten Jahrhundert noch häufiger in unseren Wäldern zu finden als bei der heute üblichen Bewirtschaftungsform. Bei der damals weit verbreiteten »Mittelwaldwirtschaft« wird der Bestand bis auf wenige Bäume, die als »Überhälter« bezeichnet werden, alle 20 bis 30 Jahre komplett für Brennholz geschlagen und dann für wiederum 20 bis 30 Jahre sich selbst überlassen. Aus den Stubben wachsen danach oft mehrstämmige Bäume heran. Baumarten, die sehr schlecht aus dem Stock wieder austreiben (zum Beispiel Buche und Fichte) werden auf diese

Charakter der Hainbuche mit imposanter Spannrückigkeit am Stamm.

Weise stark zurückgedrängt, andere dadurch gefördert – wie etwa die Hainbuche. Sie kann dann sogar Reinbestände bilden, was sie von Natur aus nicht schafft. In Auenwäldern kommt sie häufiger vor.

Bei der Hainbuche handelt es sich um eine Übergangs-Baumart. Sie ist ein Baum, der sich aufgrund seines begrenzten Höhenwachstums von Natur aus fast immer mit dem Bestandsschatten (vor allem unter Rot-Buchen und Eichen) zufrieden geben muss und keine eigenen Bestände gebildet hat oder bildet. Sie ist an dieses Dasein allerdings durch eine relativ hohe Schattentoleranz bis ins Alter angepasst, was nur für wenige Baumarten zutrifft (zum Beispiel für Buche, Eibe, Winter-Linde). Sie ist im Wald auf die Unterstützung der Förster angewiesen und sollte zum Beispiel mehr als bisher im Waldrandbereich Berücksichtigung finden.

Die Hainbuche ist geeignet für Mischpflanzungen aller Art, auch für Knicks, Eingrünungen, Schutzpflanzungen, Bodenbefestigungen und vieles mehr. Die Baumart kann fast überall gepflanzt werden, nur auf ärmsten Standorten hat sie etwas Probleme.

Hainbuchen sind als Lebensraum beliebt. So sind sie ein wichtiger Brutplatz und Schutzort für Vögel. Schwierigkeiten hat die Baumart allerdings mit Wild und vor allem mit Mäusen. Beide schätzen diese Baumart sehr und können ihr erheblichen Schaden zufügen: Das Wild verbeißt gerne die Zweige und Blätter. Wühlmäuse lieben die Wurzeln besonders. Sie schädigen in Neupflanzungen nicht selten das Wurzelwerk so stark, dass die jungen Hainbuchen umfallen und man in Hecken bis zu 50 Prozent nachpflanzen muss.

Helles, hartes, schweres Holz

Die Hainbuche hat von allen einheimischen Baumarten das härteste Holz. Daher finden sich auch Bezeichnungen wie Eisenholz, Hornbaum oder Steinbuche. Bis über 900 Kilogramm wiegt ein Kubikmeter Holz dieser Baumart. Aus diesem Grunde war das Holz früher, als Eisen noch knapp und teuer war, wichtig für stark beanspruchte Fahrzeug- und Maschinenteile (wie Zahnräder, Achsen, Speichen, Holzschrauben). Heute verwendet man das Holz der Hainbuche zum Beispiel für Drechsler-Arbeiten. Da das Holz hell ist, wird die Baumart auch Weißbuche genannt, früher wurde sie für weiß gescheuerte Milchkübel und Butterfässer verwendet.

Im Waldbau macht man sich die Schattentoleranz bis ins Alter zunutze. Förster pflanzen die Hainbuche zwischen Eichen, damit die

Formschnitt macht aus der Hainbuche ein eindrucksvolles Gestaltungs-Element im Park.

Eichenstämme von ihr beschattet werden und sie im unteren Stammbereich die Äste zum Absterben bringt: Das Eichenholz soll »astrein« sein. Dabei wächst die Hainbuche dann – im Gegensatz zu Buche und Linde – den Eichen nicht in die Krone.

Ihre große Regerationskraft hat man früher für den sogenannten Kopfbaumbetrieb ausgenutzt: Wie bei Kopfweiden wurden Äste beziehungsweise Stämmlinge geschnitten und hier als Brenn- und Nutzholz verwendet. Die Neuaustriebe der »geschneitelten« Bäume waren ein beliebtes Viehfutter.

Der Name »Hagebuche« hat seinen Ursprung in der beliebten Verwendung für Hecken: Die Hainbuche diente lange Zeit zum »Ein-Hagen« von Feldern und Wiesen.

Neben der Schnittverträglichkeit ist für Hainbuchen-Hecken besonders vorteilhaft, dass die Blätter im Winter am Baum hängen bleiben und dann weiter als Sicht-, Lärm- und Windschutz dienen. Zugleich zeigen sie im Jahreslauf ein interessantes und abwechslungsreiches Farbspiel: hellgrün beim Austreiben, dunkelgrün im Frühsommer, dann beim zweiten Austrieb wieder heller vor dem dunklen Grün der älteren Blätter und schließlich im Herbst goldgelb und am Ende braun.

In Barockgärten werden oft Hainbuchen durch Formschnitt erzogen. Beim »Topiary« entstehen besondere Gestalten, zum Teil auch Nachbildungen von Lebewesen. Hainbuchen formen auch Laubengänge. Vor allem im 18. Jahrhundert, als man die Natur »ordentlich und sauber« herrichten wollte, wurden Hainbuchen verbreitet zu schnurgeraden Hecken um Grundstücke und Parks geschnitten. Hainbuchen kann man tatsächlich beliebig zurechtschneiden.

Die Blätter wurden früher in der Heilkunde als Wundpflaster verwendet, ein Destillat diente als Augenlotion. Bei geschwollenen Füßen half ein Hainbuchenblätter-Fußbad, Tee aus der Rinde linderte Blasen-Entzündungen.

Ring um den heiligen Hain

In der Mythologie ist wenig zur Hainbuche zu finden, vielleicht weil sie so unauffällig ist und bisweilen gleich wie die Buche behandelt wird. Dabei soll sie ausgeprägte Schutzeigenschaften haben sowie kräftigend und stärkend wirken – was beim Anblick des Stammes nicht verwundert. Heilige Haine wurden oft mit Hainbuchen umpflanzt. Das Wort Hexe geht auf die Hagebuche zurück, allerdings in positiver Bedeutung als »mit besonderen Kräften ausgestattete Frau«.

Ortsnamen wie Hagenbusch, Heinbuch, Heimbuch deuten auf ihre früher größere Verbreitung hin, so auch der Ortsname Breitenbuch im Odenwald. Der Ausdruck »hanebüchen«, gleichbedeutend mit dauerhaft, knorrig, grob, geht auf das Hagebuchenholz zurück.

Das belgische Dorf La Reid ist stolz auf seine prächtige, 573 Meter lange Allee aus rund 4700 Hainbuchen. Sie gilt damit als die längste beziehungsweise als jene mit den meisten Stämmen in Europa.

Die Allee aus Hainbuchen wirkt wie ein Tunnel.

Wald- und Schwarz-Kiefer

Individuelle Kronenformen

Wald- und Schwarz-Kiefern beeindrucken durch ihre langnadeligen immergrünen, puscheligen Kronen, die mit zunehmendem Alter wunderschön im Wind rauschen. Sie können sehr eindrucksvolle Formen annehmen.

Charakterbäume der Wald-Kiefer mit geschwungenem Stamm und individueller Krone.

Die Borke der Wald- oder Gewöhnlichen Kiefer (*Pinus sylvestris*) sorgt durch ihre leuchtend fuchsrote Färbung für Stimmung, bei Schwarz-Kiefern machen die großen, relativ dunklen Borkenschuppen an den langen Stämmen Eindruck. Kiefern können in extremen Standortsituationen überleben und sich zu markanten Gestalten entwickeln, zum Teil mit gebogenem oder schiefem Stamm.

Ein herrliches Detail sind Wassertropfen an den Nadeln frühmorgens nach nächtlichem Tau oder tagsüber nach einem Regenschauer. Außerdem riechen Kiefern einmalig intensiv nach Harz, deutlich wahrnehmbar vor allem an warmfeuchten Frühlingstagen und an frisch geschlagenem Holz. Beide sehr ähnliche Arten werden hier gemeinsam vorgestellt.

Die Kiefer ist namensgebend für die Familie der Kieferngewächse, zu denen fast alle Zapfenträger gehören. Bei der Unterfamilie der Kiefernartigen befinden sich die Nadeln nur an Kurztrieben. Weitere einheimische Arten in Deutschland sind die Berg- und die Zirbel-Kiefer, die aber von Natur aus eher in höheren Lagen anzutreffen sind. Weltweit gibt es über 100 Kiefern-Arten, darunter eine mit 50 Zentimeter langen Zapfen (die Zucker-Kiefer), eine mit bisweilen tödlichen Zapfendornen (die Coulter-Kiefer) und eine, die mit fast 5000 Jahren die ältesten lebenden Bäume der Welt stellt (die Langlebige Grannen-Kiefer). Die Wald-Kiefer war Baum des Jahres 2007.

Schönheit der Krone

Charakterbaum der Schwarz-Kiefer – ein Windflüchter an der Küste.

Wald-Kiefern unter blauem Himmel – das ist ein besonderes ästhetisches Highlight wegen der jungen fuchsroten Rinde, dem Grün der Nadeln, dem Anklang an japanische Gärten vor dem Blau des Himmels. Typisch für die Wald-Kiefer ist auch, dass die Krone jedes Baumes sehr verschieden von anderen ist, zumindest wenn die Bäume nicht in gleichaltrigen, in Reihen gepflanzten Reinbeständen aufwachsen. 150 Varietäten sind schon beschrieben worden. Das Individuelle jeder einzelnen Kiefer zeigt sich am besten bei freiem Einzelstand. Kein Wunder, dass viele Künstler diese Baumart auf Papier oder Leinwand gebannt haben und es zum Beispiel Malerkiefern gibt. Die Schwarz-Kiefer (*Pinus nigra*) ist dagegen deutlich unauffälliger in ihren Farben, wird aber größer.

Zunächst fällt auf, dass es eindrucksvoll breitkronige und schlankkronige Wald-Kiefern gibt. Das kann angeboren sein: Wo im Winter regelmäßig viel und/oder nasser Schnee fällt, werden schlankkronige Bäume ausgelesen, weil bei breitkronigen Bäumen dann die Äste abbrechen. Bisweilen muss man dort aber genauer hinsehen, um zu erkennen, ob es sich um eine schlankkronige Kiefer oder um eine Fichte handelt, da sie von Weitem fast gleich aussehen können.

Natürlich spielen für die Kronen- und Stammform neben genetischer Ausstattung und Umwelt auch die Verhältnisse am Standort und im Bestand eine Rolle: Bei dichtem Stand werden die Kronen schlanker als beim freien Aufwachsen, auf ärmeren Standorten wachsen die Stämme krummer, die Kronen unregelmäßiger. An der Küste und im Hochgebirge werden sie bei ständigem Wind- und Sturmeinfluss zu Windflüchtern, da sie sich dann auffällig einseitig entwickeln und abflachen. Die Kiefer mit den meisten Fernseh-Auftritten dürfte wohl ein solcher Windflüchter am Leuchtturm auf Hiddensee sein (Foto auf Seite zuvor) – er erscheint fast jeden Abend um 19:55 Uhr beim Wetterbericht des NDR-MV im Hintergrund. Und am Leuchtturm auf dem Darß kriechen die Kiefern sogar vor dem Dauerwind und -sturm auf dem Boden dahin.

Das Alter jüngerer Kiefern lässt sich schnell und einfach an den Astquirlen ablesen, denn jedes Jahr wird genau einer gebildet. Dies erschließt die mitunter sehr interessante Lebensgeschichte jeder Kiefer. Da die Astansätze auch nach dem Absterben der Äste noch lange am Stamm hängenbleiben und danach gut sichtbare Narben hinterlassen, ist es sogar möglich, das Alter um 50 und mehr Jahre zurückzuzählen (und damit den Höhenzuwachs zu rekonstruieren). Außerdem besitzen jüngere Kiefern die Eigenart, dass alle Zweige senkrecht wachsen – sowohl die Wipfeltriebe als auch die Seitenäste. Bei vielen anderen Nadelbaum-Arten sind die Seitenäste dagegen herabgedrückt.

Nadeln an Kurztrieben

Die Wald-Kiefer ist bekannt für ihre fuchsrote »Spiegelrinde« unterhalb der Krone. Dies ist ein schönes Unterscheidungsmerkmal zu anderen Kiefern-Arten (in Ungarn wird die Kiefer deshalb auch übersetzt Karottenbaum genannt). Sie entwickelt dann in höherem Alter schließlich am unteren Stammabschnitt eine grobe, braungraue Schuppenborke. Bei der Schwarz-Kiefer sind es dunklere und gröbere Schuppen. Spezialisten unterscheiden nach der Borkestruktur Schuppen-, Platten-, Muschel-, Schindel-, Knollen- und Schuppenschürzen-Kiefern.

Wald- und Schwarz-Kiefern können Stammumfänge von drei bis vier Meter (selten fünf Meter) und Baumhöhen von 30 bis 40 Meter erreichen, bei einem Höchstalter von 200 bis 400 Jahren.

Die blau- oder graugrünen Nadeln der Schwarz-Kiefer sind zehn bis 15 Zentimeter lang, die der Wald-Kiefer höchstens sieben Zentimeter. Sie stehen bei beiden Kiefern-Arten immer zu zweit an den Zweigen. Um das zu erklären, braucht es eine bisschen Baumbiologie und wir müssen etwas genauer hinsehen.

Die Nadeln befinden sich nämlich genau genommen gar nicht an den Zweigen, sondern sitzen an ganz kurzen, unterentwickelten seitlichen Kurztrieben: Wenn man die Basis der Nadelpaare anschaut, erkennt man dort mehrere Schuppen, und zwischen den beiden Nadeln, ganz tief unten in der Achsel versteckt, gibt es eine Knospenanlage. Diese wird, wenn alles gut geht, nie gebraucht und nicht zur Entfaltung gebracht. Werden

Charakter der Wald-Kiefer mit orangeroter Spiegelrinde und blaugrüner Benadelung.

die Nadeln aber durch Schnitt, Fraß oder Ähnliches beschädigt, wird dieser Vegetationskegel aktiviert, treibt aus und ersetzt die beschädigten Nadeln. Dies ist der Beweis, dass es sich um einen winzigen Spross mit zwei Nadeln handelt, denn nur so ist die kleine Knospe zu erklären.

Ganz am Beginn ihres Lebens findet man an kleinen Kiefern übrigens für kurze Zeit (ein bis zwei Jahre) noch Einzelnadeln, die nicht an Kurztrieben sitzen. Nach der »Verwandlung« befinden sich alle weiteren Nadeln dann zu zweit an Kurztrieben. Einige andere Kiefern-Arten haben drei oder fünf Nadeln am Kurztrieb.

Die Nadeln werden nur zwei bis drei Jahre alt – in kalten Regionen und in hohem Alter können es auch bis zu acht Jahre sein, bei Immissions- oder starkem Trockenstress jedoch nur ein bis zwei Jahre. Es ist also normal, dass die Nadeln schon im dritten Jahr abfallen, vorzugsweise im Spätsommer, wenn es länger heiß und trocken ist. Bei Windstärke 4 hört man aus der Krone der Wald-Kiefer ein gleichmäßiges helles Rauschen (wie Meeresrauschen), bei der Schwarz-Kiefer ist es etwas dumpfer.

Zapfen mit interessantem Mechanismus

Ihre Blühfähigkeit erreichen die Bäume oft bereits mit zehn Jahren. Die Blüte der Kiefern im Mai ist für Nadelbäume typisch unauffällig. Denn sie müssen keine Insekten mithilfe von Schauapparaten anlocken, sondern werden vom Wind bestäubt. Daher stäubt es bei Windböen gelegentlich aus den Zweigen. Die weiblichen Blüten sind in Zapfen-Blütenständen angeordnet und befinden sich in den oberen Kronenbereichen am Ende der Jahrestriebe. Sie reifen nicht vor dem Herbst des zweiten Jahres, da die Befruchtung erst im Frühjahr des Folgejahres nach der Blüte erfolgt.

Die drei bis acht Zentimeter großen Zapfen (»Kienäppel«) öffnen sich im Spätwinter und Frühjahr erst zwei Jahre nach der Blüte. Hier gibt es einen interessanten Mechanismus: Bei Lufttrockenheit öffnen sie sich etwas und die ersten Samen fallen heraus. Wenn die Luftfeuchtigkeit wieder zunimmt (nachts und bei Regen), schließen sie sich erneut. So geht das wochenlang hin und her und die Samen fallen daher nicht alle auf einmal heraus, sondern über einen längeren Zeitraum hinweg. Dahinter steckt die Strategie, dass die Samen in unterschiedliche Windrichtungen geweht werden und irgendwann in diesem Zeitraum ein Teil der Samen günstige Bedingungen vorfindet. Durch einen zwei Zentimeter langen Flügel werden sie bis zu zwei Kilometer weit vom Wind verfrachtet.

Ausgekämmte Nebeltropfen hängen auf Nadeln beziehungsweise Kurztrieben der Wald-Kiefer nach einer kalten Nacht.

Bemerkenswert sind auch die Pfahlwurzeln von Kiefern, die bis zu acht Meter Tiefe erreichen können, die Seitenwurzeln können 16 Meter lang werden. Dementsprechend fest verankert und sturmfest sind die Bäume.

Wer an einem trockenen Frühlingstag unter einer Kiefer sitzt, kann es gelegentlich knacken hören. Das sind die sich öffnenden Zapfen, und bald darauf sieht man einige Samen davonsegeln.

Genügsam, doch lichtbedürftig

Keine andere einheimische Baumart hat so ein riesiges Verbreitungsgebiet wie die Wald-Kiefer: Es umfasst fast ganz Europa und Asien, überschreitet im Norden den Polarkreis und dringt im Süden bis in die Steppen vor. Vor allem im Nordosten Europas und Deutschlands tritt sie auffällig in Erscheinung. Nach den Eiszeiten hat sie vor etwa 10 000 Jahren über einen langen Zeitraum gemeinsam mit der Birke in den mitteleuropäischen Wäldern dominiert. Die heutige Höhenverbreitung reicht vom Flachland bis in 2500 Meter im Hochgebirge. Die Schwarz-Kiefer kommt in Gebirgslagen europäischer Mittelmeerländer mit mehreren Unterarten vor. Sie ist also bei uns nicht einheimisch, jedoch im Küstenbereich und auf kalkreichen Mittelgebirgs-Standorten schon lange eingebürgert, da sie dort mit den Klima- und Standort-Verhältnissen besonders gut zurechtkommt.

Beide Kiefern sind sehr konkurrenzschwach. Das würde man sicher nicht erwarten, denn in einzelnen Regionen kann man endlos durch riesige monotone Kiefernbestände fahren. Der Grund dafür ist ihr sehr hoher Lichtbedarf. Wird der nämlich nicht schon in der Jugend erfüllt, fangen Kiefern an zu kümmern. Die Stärke dieser Baumarten sind daher Freiflächen und Extremstandorte sowie Katastrophenflächen, zum Beispiel nach Waldbränden. Somit sind sie Pionier-Baumarten (mehr dazu bei der Birke). Sich dabei anfangs entwickelnde Reinbestände sind in der Natur auf den meisten Standorten nur ein Durchgangsstadium, bis andere Baumarten die Kiefern verdrängen.

Früher forstlich angepflanzte Kiefern-Reinbestände werden heute großflächig beim »Waldumbau« in Mischbestände verwandelt. Andere Laubbaum-Arten wie zum Beispiel Eichen oder Buchen werden dabei hineingepflanzt und dann verschwinden die Risiken der Monokulturen.

Dauerhaft hat in Deutschland die Wald-Kiefer nur auf Extremstandorten eine Chance, zum Beispiel auf sehr armen, zur Trockenheit neigenden Sandböden, oder auf Felsen und an Moorrändern – nicht weil sie sich dort besonders wohlfühlt, sondern weil sie durch Konkurrenz anderer

Die Wald-Kiefer erweist sich als Überlebenskünstler auf einem 55 Meter hohen Felsen.

Baumarten auf diese ungünstigen Standorte verdrängt wird. Am besten wächst sie aber wie die meisten Baumarten auf Standorten mit besserem Wasser- und Nährstoff-Angebot. Wald-Kiefern können die reinsten Überlebenskünstler werden: Kaum eine andere Baumart kommt mit so wenig Wasser und Erde aus, sodass wir sie zum Beispiel regelmäßig in Felsritzen finden. Dann entwickelt sie einen bonsaiförmigen Wuchs und ist im Alter von 50 Jahren vielleicht gerade einmal 50 Zentimeter groß.

Die Nadeln der Kiefern sind sehr gut an Trockenstress angepasst. Zudem können sie Wasser auch direkt aus der Luft aufnehmen, wie etwa Tau in Trockenperioden. Daher kann man Kiefern bei fehlender Versorgung von Wasser aus dem Boden durch Besprühen der Kronen am Leben erhalten. Dann wird das Wasser in den Zweigen sogar rückwärts transportiert, im Extremfall bei kleineren Bäumen bis zu den Wurzeln.

Kiefern sind ein wichtiger Lebensraum für eine Vielzahl von Insekten, Pilzen und Vögeln. Die Insekten können allerdings auch Schäden hervorrufen, da einige den Baum vollkommen kahl fressen. An den Wurzeln wurden über 50 Pilzarten festgestellt, die als Mykorrhiza-Partner den Bäumen bei der Nährstoff- und Wasser-Aufnahme helfen. Dazu gehört zum Beispiel auch der Fliegenpilz. Die Kiefern-Mistel ist eine Unterart der Mistel, die auf Kiefern spezialisiert ist und nur auf diesen auftritt.

Lieferant von Holz und Harz

Das dekorative Holz der Kiefer ist seit langer Zeit sehr beliebt, da es sich vielseitig verwenden lässt. Es zeigt einen warmen Farbton, kann bisweilen bei Nachdunkeln am Tageslicht auch etwas »laut« werden durch die auffälligen Jahrringe, die eine Altersdatierung und Rekonstruktion der Lebensgeschichte leicht machen. Außerdem riecht das frisch gesägte Holz angenehm harzig. Deutlich ist der dunklere Kern zu erkennen im Unterschied zum äußeren helleren Splint. Das Kernholz ist ziemlich pilzresistent und daher dauerhaft. Die höchste und bestbezahlte Qualität erzielen gerade, astfreie Stammabschnitte, die sich als Furnier eignen. Kiefernholz wird als Konstruktionsholz im Innen- und Außenbereich verwendet. Die Wald-Kiefer nimmt bei uns durch die Forstwirtschaft neben der Fichte derzeit die größten Waldflächen ein.

Lange Zeit hatte das Harz eine wichtige Bedeutung für die Nutzung. Das kann man vielerorts noch an den Kiefern erkennen. Seit dem Ersten Weltkrieg bis Anfang der 1990er-Jahre wurden die Bäume unten am Stamm etwa zehn Jahre vor dem Fällen nach Entfernen der Rinde fischgrätartig angeritzt. Wenn dann im Frühjahr das flüssige Harz austritt, kann man es in darunter aufgehängten Töpfchen auffangen, mit ein bis vier Kilogramm je Baum und Jahr kann man rechnen. Harz ist der Ausgangsstoff für Terpentin(öl) als Grundstoff für Kosmetika, Lacke und Anstreichmittel.

Kiefern gelten als sehr empfindlich gegenüber Schwefeldioxid und Streusalz. Sie eignen sich daher in den Städten der winterkalten Regionen nicht gut als Straßenbaum.

Die Samen der Wald- und Schwarz-Kiefer sind ungenießbar, aber jene von Pinie und Zirbel-Kiefer sind sehr nahrhaft und schmecken angenehm nussig. Kiefernöl-Extrakte aus Nadeln und jungen Trieben werden in der Heilkunde als Duft- und Massageöle, Badezusatz oder Sauna-Aufgüsse angewandt und innerlich gegen Erkrankungen der Atemwege eingesetzt: Bei Erkältungen, Husten und Bronchitis helfen Inhalationen mit Kiefernsprossen oder ein Vollbad in ihnen. Man kann auch Tee daraus herstellen.

Würziger Geruch an trockenen Plätzen

Die Kiefer steht für Licht und Lebensfreude. In der griechischen und römischen Mythologie spielte die Pinie aus dem Mittelmeerraum eine größere Rolle, zur Wald- und Schwarz-Kiefer findet man hingegen kaum belastbare Aussagen. Ihr Holz soll zur Abwehr von Zauberei und böser Magie eine Rolle gespielt haben.

Bei Bernstein handelt es sich um das erhärtete Harz von Kiefern, die vor 50 Millionen wuchsen. Damit haben wir ein spannendes Fenster in die Vergangenheit. Bernstein entsteht durch schnelle Einlagerung von Harz in Meeressedimente bei weitgehendem Luftabschluss. Besonders beeindruckend sehen Einschlüsse von Insekten und Pflanzenresten aus – das ist die Tier- und Pflanzenwelt der Urzeit!

Besteht die Möglichkeit, eine Kiefer längere Zeit zu beobachten, zum Beispiel im Garten oder in einem nahe gelegenen Park oder Wald, kann man nach stärkeren Regen- oder Schneefällen ein Verdrehen und Absenken von einzelnen Ästen feststellen, die sich oft in den Folgetagen oder -wochen allmählich wieder aufrichten. Besonders extreme Wuchsformen haben sich zum Beispiel im Trollwald an der Nordspitze der schwedischen Ostsee-Insel Öland entwickelt: Die dortigen Wald-Kiefern sind vollkommen verdreht wie Korkenzieher.

Kiefern führen tendenziell zur Austrocknung des Bodens, da ein relativ hoher Niederschlags-Anteil in den Kronen an Nadeln und Zweigen hängen bleibt, von dort wieder verdunstet oder auch direkt von den Nadeln aufgenommen wird und daher den Boden gar nicht erreicht. Soll im Garten ein trockenes Plätzchen entstehen, sollte man dort folglich eine Kiefer pflanzen. Dort kann man dann jederzeit das intensive und beruhigende Kronenrauschen genießen.

Der deutsche Name Kiefer ist erst im 15. Jahrhundert aus der Zusammensetzung der Wörter »Kien« (für harzreiches Holz) und Föhre entstanden. Er wurde dann von Martin Luther salonfähig gemacht: Seine Bibelübersetzung dürfte als frühestes schriftliches Zeugnis gelten, in dem die Kiefer Erwähnung findet.

Etwas Einzigartiges ist der angenehm würzige Geruch von Kiefernwäldern, vor allem an warmen Frühjahrstagen oder wenn irgendwo frisch geschlagenes Holz liegt. Ich empfehle zum vollen Erleben ein Picknick unter Kiefern an einem warmen Frühlingstag, am besten mit Kindern. Kommt dann der Moment, wo man sich mit dem Rücken auf die Decke legt und einfach nach oben schaut, riecht und horcht, folgt intensive Entspannung.

Vogel- und Süß-Kirsche

Zauberhafte Blütenpracht

Dieses Bild verbindet wohl jeder mit dem Frühling: Im April strahlt das weiße Blütenmeer der Vogel- und Süß-Kirschen in Gärten oder Obstplantagen und verzaubert die Landschaft.

Mit ihren wunderbaren Blüten schaffen es Vogel- und Süß-Kirschen (*Prunus avium*) sogar alljährlich auf die Titelseiten vieler Tageszeitungen. Eine aufwändige Zählung ergab eine Million Blüten in einer Kirschenkrone! Zudem ist die Baumart als Hausbaum beliebt wegen ihrer moderaten Größe, den attraktiven Früchten und der brillanten Herbstfärbung, die mit intensiven unterschiedlichen Rottönen bei uns für herbstliche Stimmung sorgt.

Charakter der Süß-Kirsche zur Blütezeit, mit rund einer Million Blüten in der Krone.

Die dickste Vogel-Kirsche Deutschlands besitzt diesen imposanten Stamm.

Die Kirsche gehört in die Familie der Rosengewächse, wie die meisten Obst-Baumarten. Es handelt sich um die größte Pflanzen- und Gehölzfamilie der gemäßigten Breiten, mit weltweit 74 Gehölz-Gattungen sowie 1690 Baum- und Strauch-Arten, weshalb diese Familie auch regelmäßig die meisten Seiten in Gehölzbüchern einnimmt und wir sie in vier Unterfamilien einteilen. Die Kirsche gehört darin zur Unterfamilie der Steinfrüchtigen, eine weitere Unterfamilie umfasst die Apfelfrüchtigen mit Apfel und Birne. Die Vogel-Kirsche war Baum des Jahres 2010.

Nektardrüsen an den Blättern

Die Vogel-Kirsche bereitet mehrere Male im Jahr große Freude und strahlt im April weithin ins Land. Die Süß-Kirsche ist eine Varietät der Vogel-Kirsche und wird daher im Folgenden gleich mitbehandelt. Im Frühjahr ein Blütenmeer, im Sommer begehrte Früchte, im Herbst feurige Blattfarben und im Winter eine ansehnliche Rinde – wenn es um Ästhetik geht, steht die Kirsche mit an vorderster Stelle.

Die Krone ist bei der Wildform der Kirschen rund bis oval, bei Kulturformen eher breit, denn man möchte ja an die Früchte herankommen. An der Verzweigung eines Kirschbaumes fällt auf, dass sich die Seitentriebe nur immer in Absätzen an den Achsen befinden: Sie sind quirlartig angeordnet, was zur typischen Wuchsform von Kirschbäumen führt und außerdem die Alterszählung an Kirschzweigen sehr erleichtert, da wie bei den Kiefern jedes Jahr genau ein Quirl entsteht.

Die Rinde des Kirschbaumes kann eine charakteristische, dunkelrot oder graubraun glänzende Oberfläche entwickeln, sie ringelt sich wie bei Birken waagerecht vom Stamm ab (Typ Ringelrinde). Es bildet sich also wie bei Birken keine Borke, höchstens an älteren Kirschbäumen unten am Stamm.

Die Kirsche entwickelt eine orangerote Herbstfärbung – wie beim Indian Summer in Nordamerika.

Kirschbäume können im Wald bis 30 Meter hoch werden, im Freistand erreichen sie zehn bis 20 Meter Höhe. Der Stamm kann oberhalb der Wurzelanläufe einen Umfang von etwa drei Meter (selten fünf Meter) haben. Kirschbäume in Kultur zur Ernte von Früchten sind meist veredelt, das ist oft an einer noch sichtbaren Pfropfstelle am Stamm zu erkennen. Dort verdickt sich der Stamm plötzlich. Das Höchstalter der Vogel-Kirsche beträgt etwa 150 Jahre, bei Süß-Kirschen liegt es aufgrund der Veredlungsstelle deutlich darunter (bei rund 80 Jahren).

Die elliptischen gesägten Blätter stehen spiralig am Spross und tragen am langen Stiel oder am unteren Blattrand einige Nektardrüsen, die zuckrigen Saft abgeben. Nektardrüsen außerhalb der Blüten nennt man »extraflorale Nektarien«. Welche Funktion haben sie? Zur Blütezeit sollen die Insekten schließlich die Blüten anfliegen, warum locken die Blätter dann nach der Blüte noch Insekten mit Nektar an? Der Nektar zieht Ameisen und andere Raubinsekten an. Diese fressen schädliche Raupen, sodass sich der Kirschbaum dadurch auf raffinierte Weise vor Blattfraß schützt.

Bei der Süß- und der Sauer-Kirsche handelt es sich übrigens um verschiedene Baumarten. Bei der Sauer-Kirsche befinden sich die Nektardrüsen am unteren Blattrand, nicht am Stiel, und der Blattstiel ist nur etwa ein bis zwei Zentimeter lang. Bei Windstärke 4 hört man im Sommer aus der Krone ein klackerndes Rascheln.

Ein Schauspiel vollführt die Kirsche mit ihrer Herbstfärbung von leuchtendem Orange bis Feuerrot. Sie sorgt damit Ende Oktober für einen farbigen Höhepunkt in der Landschaft, das wirkt dann ein bisschen wie der Indian Summer in Nordamerika (dort sind es Ahorne, die feuerrot lodern).

Blütenpracht im Frühjahr

In der Krone älterer, frei stehender Vogel-Kirschen entwickeln sich bis zu einer Million schneeweißer Blüten. Das macht übrigens fünf Millionen Blütenblätter, denn eine Blüte hat fünf weiße Kronblätter. Vogel- und Süß-Kirschen blühen (je nach Höhenlage) Anfang bis Ende April, vor dem Blattaustrieb und ein bis zwei Wochen früher als die Sauer-Kirsche. Die Bestäubung wird von Bienen, Hummeln und anderen Insekten durchgeführt. Die Blütezeit dauert allerdings höchstens eine Woche, bei Wärme und Trockenheit auch nur vier bis fünf Tage. Wer das Erlebnis sucht, muss sich daher rechtzeitig aufmachen.

Bis zur Reife der Früchte muss ein Kirschbaum sehr viele Klippen erfolgreich umschiffen: Spätfrost, Regen während der Blüte, Trockenheit, Hagel, Fraßfeinde und Schädlinge. Das bereitet den Obstbauern viele Sorgen.

Besonders zur Blütezeit erkennt man überall die im Wald (oder am Waldrand) einzeln »versteckten« wilden Vogel-Kirschen, da sie dann weiß zwischen den anderen noch kahlen Bäumen hervorleuchten. Die Kulturform Süß-Kirsche findet man dagegen ausnahmslos außerhalb des Waldes, wo allerdings ebenfalls die wilde Vogel-Kirsche wächst. Da es zwischen den beiden Varietäten der einen Baumart alle Übergangsformen gibt, kann man sich zur genauen Unterscheidung nur am aufrechteren Wuchs und den kleineren Früchten der Wildform orientieren. Bäume der Süß-Kirsche zeigen aber zudem meist die gut sichtbare Veredlungsstelle am Stamm und sind mit ihrer breiten Krone kleiner als die Wildform. Häufig stehen sie zu vielen in Reihen gepflanzt auf Wiesen.

Die Früchte sind wie die Blüten in doldenförmigen Büscheln zu zweit bis zu sechst zusammengefasst, es sind ein Zentimeter dicke (bei Kultur-Sorten bis drei Zentimeter dicke) dunkelrote Steinfrüchte, das heißt, sie haben einen harten Kern, in dem sich der Keimling befindet.

Die Blütenknospen eines Kirschbaumes befinden sich nur an besonders kurzen Trieben, den Kurztrieben. Damit findet eine für viele Obstbäume typische Arbeitsteilung in der Krone statt: Die Kurztriebe tragen die Blüten und Früchte, die Langtriebe sind für das weitere Zweigwachstum zuständig. Beim Obstbaumschnitt muss man daher vor allem die Kurztriebe stehenlassen oder fördern. Da die älteren Kurztriebe ein sehr charakteristisches Aussehen durch die vielen Narben der Knospenschuppen annehmen, werden sie im Obstbau Ringelspieße genannt.

Die Wurzeln entwickeln sich recht gleichmäßig in Tiefe und Breite, es entsteht ein Herzwurzelsystem. Alte Kirschbäume haben meist große Wurzelanläufe, die bis zu 1,50 Meter am Stamm hochreichen können. Häufig tritt Wurzelbrut auf, das heißt, aus oberflächennahen Wurzeln entstehen nicht weit vom Mutterbaum entfernt neue Sprösslinge. Dies kann dazu führen, dass man im Umkreis einer veredelten Süß-Kirsche (oder Plantage) viele Wild-Kirschen finden kann, denn die Fruchtsorte, das Edelreis, wird immer auf eine Vogel-Kirsche veredelt.

Nahrung für viele Organismen

Das natürliche Verbreitungsgebiet der Vogel-Kirsche erstreckt sich über große Teile Europas (mit Ausnahme von Nordost-Europa und Teilen der Mittelmeerküsten) bis nach Vorderasien und Nordafrika. Dabei können wir heute am Rande des Verbreitungsgebietes allerdings oft nicht sicher sein, ob die Vorkommen dort schon natürlich vorhanden waren oder erst von Anpflanzungen (oder vom Kirschkernspucken) aus verwildert sind. Eingebürgert ist die Süß-Kirsche auch in Nordamerika und Vorderindien. Schon in der Stein- und Bronzezeit wurde der Kirschbaum wegen seiner Früchte nördlich der Alpen genutzt, das wissen wir von Kirschkernfunden in Pfahlbauten. Kultiviert wird der Baum hierzulande seit etwa 2000 Jahren. Es ist eine häufige Baumart des Flach- und Hügellandes, sie kann einem aber auch in über 1000 Meter Höhe begegnen, zum Beispiel im Schwarzwald und in den Alpen. Im Gebirge wächst die Art schließlich nur noch strauchförmig.

Die Vogel-Kirsche ist eine Übergangs-Baumart: In der Jugend ist sie relativ schattentolerant, braucht dann aber bald mehr Licht und im Alter eine freie Krone. Hinsichtlich der Ansprüche an Nährstoffe und Feuchtigkeit ist sie sehr genügsam und kann sogar auf Schuttflächen wachsen. Ihr Vorkommen konzentriert sich auf Waldränder, Südhänge und Auenwälder, wo sie bis zu sieben Wochen Überflutung aushält. Sie ist sehr frosthart, allerdings spätfrostempfindlich. Dies bedeutet vor allem für die Blüten ein Risiko, denn nach Spätfrost gibt es keine Früchte. Unter anderem deshalb wird die später blühende Sauer-Kirsche im Obstbau heute bevorzugt.

Für Bestäuber wie Bienen, Hummeln und andere ist die Kirschblüte einer der Höhepunkte ihres Lebens. Auf dem Körper einer Biene hat man über eine Million Pollenkörner gezählt.

Kirschbäume sind ein wichtiger Lebensraum. Außerdem sind viele Vogel- und Säugetier-Arten sehr scharf auf die Früchte. Dabei scheiden sie nach dem Fressen die unverdauten Kerne wieder aus und tragen so zur Verbreitung bei. (Kernbeißer können allerdings die Kerne knacken.) Mäuse, Eichhörnchen, Fuchs und Dachs legen sich Wintervorräte mit Kirschkernen an und vergessen dann teilweise ihre Verstecke. So kommt es zu Gruppen von Kirschbäumen in der Landschaft.

Pilze können den Stamm, Äste, Blätter und die Früchte besiedeln, Raupen fressen an Blättern, Blüten und Früchten. Alte Kirschbaum-Stämme mit morschem Holz werden gerne vom seltenen Hirschkäfer besiedelt.

Die Landschaft prägendes Obstgehölz

Das Holz der Vogel-Kirsche ist sehr wertvoll, als Höchstpreise werden 5000 Euro je Kubikmeter erzielt. Man kann einen dunkleren Kern (innen) von einem helleren Splint (außen) unterscheiden. Mit seinem sehr gefragten rötlichen Farbton dient es als Möbelholz sowie für wertvolle Furniere. Auch Drechsler verwenden das Holz gerne.

Kirschbäume in Waldbeständen sind allerdings eine Herausforderung für die Förster, denn sie benötigen Licht und müssen mit 60 bis 90 Jahren gefällt werden (sonst wird der untere Stammabschnitt faul und hohl), sodass dann im Bestand Lücken zurückbleiben. Für den derzeitigen naturnahen Waldbau bedeutet dies kein Problem mehr.

Kirschkerne werden von absoluten Spezialisten zum Schnitzen verwendet. Im Grünen Gewölbe in Dresden befindet sich hinter Panzerglas ein Kirschkern aus dem Jahre 1589 – mit 185 geschnitzten Gesichtern!

Kirschen sind vor allem die wichtigsten Gehölze im Obstbau, allerdings liegt heute der Schwerpunkt verstärkt auf den Sauer-Kirschen, weil sie unempfindlicher sind (gegen Spätfrost, Hagel, Starkregen und Schädlinge). Sie sind weniger arbeitsintensiv und werden nicht so gerne von Vögeln gefressen. Kirschplantagen prägen einige Regionen in Deutschland, zum Beispiel in Hessen, Thüringen, Baden-Württemberg oder Sachsen. Dort werden jedes Jahr auch Kirschköniginnen gekürt.

Inzwischen kommen die Imker längst nicht mehr selbst zu den Obstplantagen, sondern die Obstbauern müssen die Imker pachten. Denn von den Bienen hängt der Bestäubungserfolg und damit der Fruchtertrag entscheidend ab, und Imker gibt es inzwischen nur noch so wenige, dass sie nicht mehr auf die Kirschplantagen angewiesen sind.

Süß-Kirschen im Obstbau werden wie auch bei Apfel und Birne grundsätzlich auf veredelten Bäumen erzeugt. Dafür werden Zweige besonders fruchtbarer Sorten auf die Vogel-Kirsche gepfropft. In Mitteleuropa eingeführt wurde die Kulturkirsche bereits von den Römern kurz nach der Zeitenwende. Pro Baum rechnet man mit einer Erntemenge von jährlich etwa 20 Kilogramm Früchten. Heute beträgt die Jahresernte an Süß-Kirschen weltweit etwa zwei Millionen Tonnen, in Europa ist Deutschland das Land mit der größten Erntemenge.

Auch als Ziergehölz ist der Kirschbaum sehr beliebt, vor allem als Hausbaum. Es gibt über 50 verschiedene Sorten mit besonderen Wuchs-

Als Hausbaum ist die Süß-Kirsche sehr beliebt.

formen, gefüllten Blüten oder besonderen Fruchteigenschaften. Prächtig wirken Kirschbaum-Alleen in der Landschaft. Allerdings sollte man sie nicht an stärker befahrenen Schnellstraßen pflanzen, damit die Früchte nicht auf die Straße fallen und Tiere angelockt werden. Umso wichtiger ist daher, dass es noch möglichst viele an Nebenstraßen und Feldwegen gibt.

Früher waren die Heilkräfte des Kirschbaumes allgemein bekannt. Man stellte zum Beispiel eine Beziehung zwischen der roten Farbe der Kirschen und ihrer Wirkung auf Herz und Kreislauf her und sagte, dass frischer Kirschsaft ein Jungbrunnen für neue Lebenskraft und Vitalität ist. Inzwischen wurde eine solche Wirkung tatsächlich nachgewiesen.

Götterbote und Weihnachtsblüte

Süßkirschen wurden in der Mythologie der Antike und Asiens als Boten der Götter angesehen. Sie gelten als Früchte des Himmels und sind Ausdruck der Geburt, der Fruchtbarkeit und der Freude. Zeitweise war die Kirsche im Christentum Symbol der verbotenen Frucht und der Sünde, ähnlich dem Apfelbaum.

Ein besonderer Brauch verbindet sich mit den Barbarazweigen. Dafür schneidet man Anfang Dezember (am 4. Dezember ist der Namenstag der Barbara) ein paar Kirschzweige ab, stellt sie im Zimmer in die Vase, dann blühen sie zu Weihnachten. Das Wasser muss man jeden Tag wechseln und alle drei Tage schneidet man die unteren Enden etwas nach. Zur Blüte kommt es nur, wenn der Baum bis dahin etliche kalte Wochen durchlebt hat.

Von unseren Müttern wurden wir noch eindringlich ermahnt, dass man vom Verschlucken der Kirschkerne Blinddarm-Entzündung bekommt. Das gehört nach fundierten Recherchen in das Reich der weitverbreiteten Irrtümer.

Jährlich finden Landes- und Weltmeisterschaften im Kirschkern-Weitspucken statt, der Weltrekord liegt bei über 22 Meter. Vielleicht macht es Ihnen Spaß, dafür zu üben – das trägt dann zur Verbreitung der Kirschen bei.

In Japan wird seit 1000 Jahren das Kirschblütenfest gefeiert (natürlich mit asiatischen Blütenkirschen). Heerscharen von Meteorologen müssen dort möglichst früh den genauen Blühtermin vorhersagen, damit der Feiertag lange vorher geplant werden kann.

Schwarz- und Zitter-Pappel

Mächtige Bäume mit flatternden Blättern

Schon bei leichtem Wind flattern die Blätter der Schwarz-Pappel vor sich hin. Bei der Zitter-Pappel ist diese Bewegung noch viel ausgeprägter.

Sieht man in der Landschaft in Flussnähe einen riesigen frei stehenden Baum mit einer mächtigen, oben breiten Krone und weit ausladenden, tief angesetzten Ästen, handelt es sich wahrscheinlich um eine Schwarz-Pappel (*Populus nigra*); ihre Wuchsform ist unverwechselbar. Als nächstes sollte man den Stammfuß genauer ansehen: Im Alter weist er turbulente netzartige Borkerippen auf, ebenso Wülste beziehungsweise Knollen mit sogenannten Wasserreisern (das sind junge, direkt aus dem Stamm entspringende Zweige). Dazu kommen als weitere Kennzeichen deutliche, zum Teil brettartige Wurzelanläufe.

Charakter der Schwarz-Pappel mit oben breiter, großer Krone.

Die rundlichen Blätter der Zitter-Pappel (*Populus tremula*) zittern selbst bei Windstille ständig. Dafür reicht schon ein bisschen Thermik an einem warmen Sommertag. Schwerpunktmäßig kommt die Zitter-Pappel auf trockenen Standorten und Schuttplätzen vor; sie breitet sich dort durch intensive Wurzelbrut aus. Ihre Besonderheiten werden am Ende dieses Abschnittes kompakt vorgestellt, während die Hybrid-Pappeln im Folgenden immer gleich mitbehandelt werden.

Der Name Schwarz-Pappel geht auf die im Vergleich zu anderen Pappel-Arten dunkle Rinde zurück; es ist eine eindrucksvolle Netzborke.

Schwarz-Pappeln können 35 Meter hoch werden und Stammumfänge von sechs Meter (selten acht Meter) erreichen, bei einem für Pappeln beachtlichem Höchstalter von etwa 200 Jahren.

Pappeln gehören zur Familie der Weidengewächse, sind also – wegen der Blüten und Früchte – eng mit den Weiden verwandt. Weltweit existieren etwa 60 Pappel-Arten, die aufgrund ihrer Artenzahl und Bastardierung für eine bessere Übersichtlichkeit in fünf Sektionen eingeteilt werden und sich in ihrem ökologischen Verhalten teilweise deutlich voneinander unterscheiden. Dabei ist die anspruchsvollste Sektion nach der Schwarz-Pappel benannt worden. Relativ verbreitet und beliebt ist die zypressenartig wachsende Pyramiden-Pappel, eine Varietät der Schwarz-Pappel. Mit ihrem ganz eigenen Charakter bringt sie seit dem 18. Jahrhundert etwas Toskana-Stimmung und Italiensehnsucht nach Norden (dort wo die Säulen-Zypressen des Mittelmeeres nicht winterhart sind). Die Schwarz-Pappel war Baum des Jahres 2006.

Der markante Stamm der Schwarz-Pappel besitzt eine tief rissige Netzborke und Knollen.

Wachstum den ganzen Sommer über

Die schraubig am Spross stehenden Blätter weisen einen dreieckigen oder rautenförmigen Umriss und eine lang ausgezogene Spitze auf. Der lange Blattstiel ist kürzer als die Blattfläche und seitlich zusammengedrückt. Daher flattern die Blätter der Schwarz-Pappel im Wind – so werden sie bei Hitze gekühlt und der Gasaustausch wird verbessert, was ein schnelleres Wachstum ermöglicht.

Beim Austreiben verströmt die Schwarz-Pappel (wie viele andere Pappel-Arten) weithin einen intensiv aromatischen Geruch nach Harz. Bei Windstärke 4 hört man im Sommer aus der Krone ein helles, sehr lautes Rascheln. Die Herbstfärbung kann leuchtend gelb werden. Dann riechen Pappelblätter so charakteristisch, dass man dies als Inbegriff von Herbststimmung empfinden kann.

Das Wachstum der jungen Triebe hält bis in den Spätsommer an – im Gegensatz zum Beispiel zu Buche und Eiche. Man spricht von freiem Wachstum. So kommen nicht nur die im Vorjahr in der Knospe gebildeten Blätter zur Entfaltung, sondern im Sommer auch solche, die erst kurz zuvor in der Knospe entstanden sind. Diese sogenannten Spätblätter bleiben im Herbst länger grün und an den Zweigen hängen.

In Trockenperioden kann es bei Pappeln zum Abwurf von Zweigen mit grünen Blättern kommen, um die Verdunstungsfläche zu vermindern. Da der Abwurf solcher »Absprünge« wie im Herbst bei den Blättern an einer vorbereiteten Trennungszone erfolgt, sieht das untere Ende dieser abgeworfener Zweige wie ein Gelenk aus. Die Absprünge können ins Wasser fallen, davontreiben und sich nach dem Anschwemmen am Ufer bewurzeln – eine effektive Methode der ungeschlechtlichen Fortpflanzung.

Die unauffälligen Blüten erscheinen in langen Kätzchen im April vor dem Laubaustrieb. Das Blühen vor dem Austreiben ist für windbestäubte Baumarten von Vorteil, da der Pollentransport nicht durch die eigenen Blätter behindert wird. Beide Geschlechter sind nur auf verschiedenen Bäumen zu finden, in der Botanik wird dies als zweihäusig bezeichnet. Es hat zur Folge, dass es nur Pappel-Frauen und -Männer gibt. Das blühfähige Alter ist bereits mit zehn Jahren erreicht, die Blütenfülle fällt in fortgeschrittenem Alter jedes Jahr üppig aus.

Bei den Früchten handelt es sich um Kapseln, die schon Ende Mai bis Anfang Juni reif sind und dann am Baum aufplatzen, um die flaumigen Samen herausfallen lassen. Diese sind zu mehreren durch dichte Haare miteinander verfilzt und so leicht, dass sie wie Bettfedern auch ohne Wind über weite Strecken davongetragen werden – dann sieht man »Watte-

Pappelschnee: Zur Fruchtreife fallen behaarte Samenbüschel herab.

büschel« durch die Luft fliegen und im Frühjahr »Pappelschnee« fallen. Dies hat den Pappeln in Nordamerika auch den Namen Cottonwood-Tree (übersetzt Baumwollbaum) eingebracht.

Mit Windunterstützung legen die Samen Entfernungen von bis zu 50 Kilometer zurück. Ähnlich wie bei den Weiden ist das der Rekord der jährlichen Baumverbreitung. Auch auf dem Wasser können die Samen über größere Distanzen schwimmen und Flüsse vorübergehend weiß bedecken.

Die Wurzeln breiten sich weit vom Stamm aus im Oberboden aus, nur anfangs dringt die Hauptwurzel des Herzwurzelsystems schnell in die Tiefe. Pappelwurzeln wachsen nicht unter die mittlere Grundwasserlinie und sind daher zur dauerhaften Uferbefestigung nur eingeschränkt verwendbar.

Begleiter großer Wasserläufe

Die Schwarz-Pappel kommt in ganz Europa mit Ausnahme des Nordens vor, woraus man auf einen gewissen Wärmebedarf schließen kann. Sie ist ein Baum der Tieflagen und wächst vor allem in den Niederungen entlang großer Ströme. Das natürliche Verbreitungsgebiet erstreckt sich im Süden bis nach Nordafrika und im Osten nach Asien hinein.

Die Schwarz-Pappel gehört zu den Baumarten, die weit verbreitet sein könnten, aber inzwischen extrem selten geworden sind. Verantwortlich für die Seltenheit sind großflächige Rodungen von Auenwäldern für landwirtschaftliche Nutzungen, die Begradigung, Eindeichung und Regulierung von Flussläufen, Absenkungen des Grundwasserspiegels sowie die seit etwa 200 Jahren bevorzugte Verwendung anderer Pappel-Arten und -Sorten (sogenannten Wirtschaftspappeln). Dabei hat man sich die Züchtung besonders wüchsiger Bastard-Pappeln zunutze gemacht, oder es wurden gleich andere Arten in der Landschaft gepflanzt. So kommt es, dass die meisten Bäume, die wie Schwarz-Pappeln aussehen, bei genauerer Untersuchung Hybriden (Bastarde) sind, und sich die wenigen verbliebenen reinen Schwarz-Pappeln mit anderen Arten oder diesen Bastarden kreuzen.

Es gibt daher alle Übergänge zu verschiedenen anderen Pappel-Arten und -Sorten. Benötigt man eine vollkommen sichere Aussage über wirklich reine Schwarz-Pappeln, ist dies nur mit genetischen Methoden möglich (oder man muss die Kombination der äußeren Merkmale von Altbäumen mehrmals im Jahreslauf untersuchen). Die genetischen Nachweismethoden sind inzwischen so ausgereift, dass solche Gentests unkompliziert, preisgünstig und schnell durchzuführen sind, etwa bei Landesanstalten oder wissenschaftlichen Einrichtungen.

Die Schwarz-Pappel ist eine Pionier-Baumart. Sie gehört wegen ihres hohen Licht-, Wasser- und Nährstoffbedarfes zu den konkurrenzschwachen Bäumen, die fast nur in natürlichen Weichholz-Auenwäldern direkt am Flussufer eine Chance haben. Dort ist sie meist mit Weiden-Arten vergesellschaftet und benötigt wie diese zur Keimung Rohboden, der nur bei natürlicher Überflutungs-Dynamik regelmäßig und in größerem Ausmaß vorhanden ist. Sie erträgt häufige und auch mehrmonatige Überflutungen gut, da sie ja direkt am Ufer naturnaher Flüsse häufiger vorkommt. Hybrid-Pappeln sind in einigen Regionen Deutschlands, zum Beispiel entlang der großen Flüsse und in Norddeutschland, so landschaftsprägend, dass sie das Heimatgefühl dortiger Bewohner bestimmen können.

In Deutschland steht die Schwarz-Pappel als gefährdete Pflanzen-Art in der Roten Liste, in mehreren Bundesländern als vom Aussterben bedroht. Diesen Status gibt es nur für wenige Baumarten.

Die Keimung muss nach der Landung der Samen innerhalb weniger Tage erfolgen, sonst geht die Keimfähigkeit verloren. Das bedeutet, dass die Samen sofort geeigneten nackten Boden vorfinden müssen und an den Tagen der Landung Regen oder Tau fallen muss. Dies markiert einen wichtigen Schwachpunkt der Schwarz-Pappel und erklärt, warum sie so selten ist.

Pappeln treiben sehr stark aus dem Stock aus, wenn sie abgesägt werden. Wenn jemand also eine Pappel durch Absägen beseitigen will, kann es gut sein, dass einige Jahre später dort 50 Pappeln wachsen.

Eine große Zahl von Insekten lebt auf Pappeln, einige davon speziell auf der Schwarz-Pappel. Das macht die Bedeutung der Schwarz-Pappel als Lebensraum deutlich. Gallläuse rufen keulenförmige Gallen am Blattstiel hervor (wenn sie auftreten, sind sie ein interessantes Merkmal der Art, denn sie kommen nur an reiner Schwarz-Pappel vor). Hingegen befällt die Laubholz-Mistel nie reine Schwarz-Pappeln, sondern nur die Hybriden.

Das weiche Holz ist außerdem attraktiv für viele Pilzarten, zum Beispiel Lackporlinge und Pappel-Schüpplinge, die allerdings zur Holzzersetzung durch Weißfäule führen können. Vogel-Arten nutzen die Krone als Nistplatz, und Rinder, Schafe und Wild verbeißen gerne Zweige von Pappeln. Pferde zerfetzen mit Vorliebe ihre Rinde, was zum Absterben der Bäume führen kann. Auch Biber mögen Pappeln besonders gerne und können selbst dickere Bäume in ein bis zwei Nächten umlegen.

Schnell wachsender Bioindikator

Pappeln gehören zu den am schnellsten wachsenden Baumarten der gemäßigten Breiten. Dies gilt in nochmals gesteigertem Maße ganz besonders für Hybriden. Während schon Schwarz-Pappeln in 20 Jahren fast 20 Meter Höhe erreichen können, schaffen das Hybriden bereits in rekordverdächtigen zehn Jahren.

Das Holz der Pappel eignet sich kaum als Nutzholz, weil es sehr leicht und der Stamm oft krumm, beulig und astig ist. Verwendung findet es für Holzschuhe (in Holland ist die Pappel deshalb der »Klompen-Boom«), ebenso für Prothesen, Kisten und Paletten sowie Schnitzereien. Auch Zündhölzer werden aus Pappelholz hergestellt.

Verwendung finden neuerdings auch die Samen als Pappelflaum zum Befüllen von Kissen und Bettdecken oder als Isoliermaterial. Dafür haben

Markanter Charakter der Pyramiden-Pappel in der Landschaft.

sie hervorragende Eigenschaften, denn die Fasern halten so warm wie Daunen, leiten aber wesentlich besser und schneller die Feuchtigkeit ab.

Bedeutung hat auch die Anpflanzung von Pyramiden-Pappeln als landschaftsgestaltendes Element. So ließ schon Napoleon zur besseren Orientierung Alleen mit Säulenpappeln bepflanzen, damit die Soldaten im Schatten marschieren können. Solche Alleen können wie eine Prozession durch die Landschaft aussehen. Allerdings ist die Verwendung als Straßenbaum heute durch ihre relativ geringe Lebenserwartung und Astbruch-Anfälligkeit eingeschränkt. Auch als Wind- oder Blitzschutzgehölz an einsamen Höfen sind Pappeln bis heute beliebt. Sportplätze in der Landschaft erkennt man oft schon von Weitem an einer Reihe im rechten Winkel gepflanzter Pappeln als Windschutz.

Der seit dem Altertum bekannte Wirkstoff Propolis, auf den auch heute noch manche schwören, stammt unter anderem aus Pappelknospen und wird von Bienen gesammelt und mit ihrem Wachs vermischt.

Zum Pflanzen einer neuen Pappel nimmt man am besten einfach einen im Frühjahr abgeschnittenen Ast und steckt das Steckholz in die Erde. Bei ausreichender Feuchtigkeit wird es anwachsen.

Mit Schwermetallen verseuchte Böden lassen sich mit Pappeln entgiften, was Fachleute als Phytosanierung bezeichnen. Hohe Konzentrationen von Schwefeldioxid und Ozon in der Luft lassen sich anhand ihrer Blätter nachweisen. Die Bäume eignen sich als sogenannte Bioindikation, weil sich dann charakteristische Verfärbungen entwickeln.

Mit keiner anderen Baumgattung lassen sich so schnell nennenswerte Mengen an Kohlendioxid aus der Luft binden, um den Treibhauseffekt zu bremsen. Wegen dieses Klimaschutz-Effektes haben Pappeln für Schnellwuchs-Plantagen erheblich an Bedeutung und Beachtung gewonnen. Die entstandene Biomasse wird nach wenigen Jahren maschinell geerntet und zu Hackschnitzeln verarbeitet. Diese können dann in Heizkraftwerken oder -anlagen verfeuert werden.

Die Pappel war und ist eine anerkannte Heilpflanze. Pappelrinde wurde in der Heilkunde als Wundverband genutzt und gegen Gicht, Schmerzen und rheumatische Beschwerden eingesetzt. Die Knospen und Blätter verwendete man für verschiedene weitere Heilzwecke. Noch heute gibt es Wundsalbe aus den Knospen. Auch bei Verdauungsstörungen, Hautausschlägen, Bronchitis und Rheuma kann die Pappel helfen.

Großflächiger Anbau

Wenn jemand mit viel Engagement »aufgepäppelt«, also großgezogen, wird, geht das Wort auf die Schnellwüchsigkeit der Pappeln zurück. Züchtungen von Pappeln mit bestimmten Eigenschaften werden schon lange untersucht. Heute sind Pappeln zudem die Modell-Baumart, an der Methoden der Gentechnik zum Einsatz kommen. Es ist aber nicht an einen großflächigen Einsatz gentechnisch veränderter Pappeln gedacht, sondern man nutzt diese Methoden derzeit vor allem dazu, um mehr über die Steuerung des Baumwachstums und von Baum- beziehungsweise Holzeigenschaften zu ergründen. So wurde 2004 der genetische Code der Amerikanischen Balsam-Pappel als erster Baumart vollständig aufgeklärt.

An keiner anderen Baumgattung scheiden sich so die Geister. So kam es in der Vergangenheit immer wieder zu Hochs und Tiefs des Pappel-Anbaus. Auf der einen Seite gibt es begeisterte Pappelfans, die aus Anlass jedes neugeborenen Kindes eine Pappel pflanzen (der Baum ist dann bis zur Volljährigkeit des Kindes ausgewachsen). Viele Menschen kämpfen für Beachtung, Respekt und Bewunderung dieser Baumgattung und ketten sich an Pappeln, wenn diese abgesägt werden sollen.

Bei anderen Menschen stehen sie hingegen wegen ihres plantagenartigen oder reihenförmigen Anbaus in Missgunst. Dabei sollte man sich jedoch klarmachen, dass Pappeln nicht anstelle von Wald, sondern statt landwirtschaftlicher Kulturen auf Stilllegungsflächen angepflanzt werden. Sie stehen daher auch nicht in direkter Konkurrenz zur Forstwirtschaft, sondern zu landwirtschaftlichen Monokulturen. Im Vergleich zu diesen schneiden sie aber ökologisch weitaus günstiger ab. Zudem rechnen wir in naher Zukunft mit einem verstärkten Holz-, Papier- und Energiebedarf, für den schnellwüchsige Baumarten eine große Bedeutung haben werden.

Negative Kommentare beziehen sich allerdings nie auf die Schwarz-Pappel. In Bezug auf sie geht es vielmehr darum, die wenigen verbliebenen Altbäume zu erhalten und zu schützen sowie diese seltene Art wieder häufiger zu pflanzen und zu verwenden. Dafür haben sich bereits Initiativen gebildet, zum Beispiel Anfang der 1990er-Jahre der europaweite Forschungsverbund »*Populus-nigra*-Network«. Deutschland arbeitet seit 1998 an diesem Programm zur Erhaltung der Schwarz-Pappel mit. Vor allem an Rhein, Elbe, Weser und Oder wird durch Renaturierungen wieder mehr für die Schwarz-Pappel getan. Dazu gehören allerdings auch naturnahe Auen, die es an den großen Flüssen kaum noch gibt.

Die Zitter-Pappel zeigt oft eine auffällige rote oder gelbe Herbstfärbung der Blätter.

Wer eine Pappel als Hausbaum hat und ihre Anzeichen zu deuten versteht, wird vor einem heranziehenden Gewitter durch die Veränderung des Kronengeräusches gewarnt: Bei mäßigem Wind hört man das helle Rascheln der Blätter, welches bei plötzlicher Windzunahme in ein sehr lautes hektisches Klappern übergeht. In der Mythologie wurde die Pappel nur gelegentlich für Wahrsagungen gebraucht und galt als Lebensbaum.

Die Zitter-Pappel begrünt Ruinen

Die Zitter-Pappel oder Aspe hat lange Zeit eine auffallend hellgraue Glattrinde, im Alter dann eine dunkle Netzborke. Die Lebensdauer beträgt höchstens 100 Jahre, sie ist also eine schnelllebige Baumart. Ihre Blattform ist rundlich, stumpf gezähnt, der lange Stiel stark abgeflacht, wodurch das auffällige Blattzittern noch verstärkt wird. Es führt bei Windstärke 4 zu einem hellen raschelnden Klappern aus den Kronen. Die Blüte setzt bereits ab Februar ein, entsprechend früh sind die Früchte schon im Mai reif. Im Unterschied zur Schwarz-Pappel kommt die Zitter-Pappel besonders häufig auf trockenen Standorten vor und breitet sich intensiv durch Wurzelbrut aus. Die Herbstfärbung kann leuchtend gelb oder rot sein.

Nachdem Napoleons Truppen die Stadt Moskau 1812 in Schutt und Asche hinterließen, haben Zitterpappel-Sämlinge für ein schnelles Wiederergrünen der Ruinen gesorgt, passend zum Pioniercharakter dieser Baumart. Aufgrund ihrer Genügsamkeit gehören die Zitter-Pappeln zur anspruchslosesten Sektion der Pappeln.

Robinie

Neubürger mit viel Potenzial

Am meisten fallen die Robinien auf, wenn sie Ende Mai blühen: Das weiße Blütenmeer verströmt einen charakteristischen Duft, der sehr angenehm süßlich würzig die Luft erfüllt.

Ältere Robinien (*Robinia pseudoacacia*) wirken überaus attraktiv durch ihren bizarren Zickzack-Astwuchs und ihre relativ lichten Kronen mit gefiederten Blättern; dazu kommt der oft schiefe Stamm mit tief rissiger Borke. Etwas lästig können gelegentlich die Dornen an den Zweigen und die Wurzelbrut im Baumumfeld werden, was man wissen und berücksichtigen sollte. Ansonsten beeindrucken vor allem die geringen Ansprüche an den Standort und die Trockenheits-Toleranz. Die Robinie ist ein Neophyt, sie wurde erst im Jahr 1601 bei uns eingeführt.

Die Robinie gehört zur Familie der Schmetterlingsblütler (Leguminosen). Ihre Blüten weisen die dafür typischen Kronblätter Fahne, Flügel und Schiffchen auf. An den Wurzeln befinden sich Luftstickstoff fixierende Bakterien, die in Wurzelknöllchen leben.

Knospen sucht man bei der Robinie vergeblich, denn diese sind unsichtbar unter der Rinde verborgen und brechen erst beim Austreiben dort hervor, wo sich zuvor die Blattstiel-Ansatzstelle befand. Das ist einmalig unter den hier vorgestellten Baumarten.

Bizarre Krone mit weißer Blütenfülle

Am meisten fällt an alten Robinien ihr knickiger Wuchs auf, zudem sind die Kronen oft schirmartig ausgebreitet. Die Zweige weisen markante Dornen auf. Sie stehen immer beidseitig des Blattstiels beziehungsweise der Seitentriebe und zeigen so an, dass es sich um umgewandelte Nebenblätter handelt, zum Schutz vor Verbiss. Ihre Länge von bis zu fünf Zentimeter kann in Grünanlagen rund um Kindergärten ein Problem sein.

Robinien treiben erst spät aus, oft erst Anfang Mai, und sind zusammen mit der Esche die letzten Bäume. Dies liegt mit an ihrem ringporigen Holz, da sie im Frühjahr zunächst einen neuen Jahrring entwickeln müssen, bevor die neuen Blätter mit Wasser versorgt werden können. Die Jahrestriebe können über einen Meter lang werden. Robinien gehören damit zu den am schnellsten wachsenden Baumarten, die deshalb neuerdings auch in Plantagen angepflanzt werden.

Die Robinie als Solitär wächst typischerweise bizarr und knickig.

Der oft etwas schiefe oder gebogene Stamm sorgt für ein ansprechendes Aussehen der Bäume. Er bedeutet in der Regel kein Risiko für Stand- oder Bruchsicherheit, da die Bäume daran angepasst sind und sich mit dem Schiefstand allmählich entwickelt haben. Die Rinde wird zu einer tief rissigen Netzborke mit ausgeprägten Furchen, Rippen und oft Maserknollen. Zudem tritt nicht selten auffälliger Drehwuchs auf, den die Borkestrukturen widerspiegeln.

Robinien können Stammumfänge von fünf Meter (selten sieben Meter) und Baumhöhen von 30 Meter erreichen. Das Höchstalter beträgt 150 Jahre (selten über 200 Jahre). Die Blätter sind unpaarig gefiedert. Sie bestehen aus einem Stiel (der Spindel) und den elf bis 19 Fiederblättchen. Aus ökologischer Sicht sind sie als »Wegwerftriebe« zu interpretieren, da sich der Baum im Herbst mit den Blattspindeln im Grunde der feinsten Verzweigungsordnung entledigt.

Spannend ist zu beobachten, wie sich die Blattstellung im Tagesverlauf verändert: Nachts hängen die Blätter in Schlafstellung herab, richten sich vor Sonnenaufgang parallel aus und bei Trockenstress falten sie sich tagsüber nach oben zusammen, um die Einstrahlungsfläche der Sonne zu minimieren. Bei Regen entfalten sie sich dann wieder. Wer eine Robinie im Wohnumfeld hat, sollte sich das Laub einmal bewusst zu verschiedenen Tageszeiten (und nachts) ansehen.

Bei Windstärke 4 hört man im Sommer aus der Krone ein helles Säuseln. Es findet nur an einigen Fiederblättchen eine gelbe Herbstfärbung statt.

Intensiv duftet Ende Mai das weiße Blütenmeer der Robinie.

Die zwittrigen weißen Blüten öffnen sich Ende Mai, wenn viele Obstbäume bereits verblüht sind. Sie hängen als Augenweide in reichblütigen langen Trauben in den Kronen und duften intensiv. Die Bestäubung erfolgt durch Bienen und Hummeln; bekannt ist der »Akazienhonig« von Robinienblüten. Nach der Blüte ist der Boden unter den Bäumen von vielen weißen Kronblättern bedeckt, ähnlich wie von Kirschblüten im April. Als Früchte wachsen viele bohnenähnliche Hülsen, die ebenso wie die Blätter giftig sind.

Es entwickelt sich zunächst eine Pfahlwurzel (die bis zu acht Meter tief in Felsspalten eindringen kann), später ein Herzwurzelsystem. Die Robinie bildet intensive Wurzelbrut und breitet sich dadurch flächig aus. Durch eine Symbiose mit Bakterien an den Wurzeln bindet sie den Luftstickstoff (mehr dazu bei der Schwarz-Erle).

Überleben an widrigen Standorten

Die Heimat der Robinie ist das östliche Nordamerika, nach ihrer Einführung nach Europa 1601 fand sie hier schnell viele Liebhaber. Zum einen wegen ihres guten Aussehens, aber auch weil sie sich durch ihre Wurzelbrut ideal zur Befestigung von Böschungen und zur Kultivierung auf problematischen Böden eignet. Durch die Symbiose mit Bakterien an den

Wurzeln wird sie nämlich weitgehend unabhängig vom Standort, zumindest, was die Nährstoffe betrifft. Dadurch reichert die Robinie den Boden mit Stickstoff an. Zudem ist sie sehr trockenheitstolerant.

Die nichtheimische Baumart gilt als potenziell invasiv, breitet sich also teilweise massiv von selbst aus, weshalb man sie nicht in der Nähe von Naturschutzgebieten verwenden sollte. Denn sonst kann sie lokal in Trockenrasen durch das Einwandern mit ihrer Wurzelbrut zu einem Problem werden. Wenn man den Mutterbaum absägt, wird die Wurzelbrut intensiviert.

Andererseits lassen sich mit kaum einer anderen Baumart schwierige Standorte so einfach begrünen. Die Fähigkeit zur invasiven Ausbreitung wird für die Robinie kontrovers diskutiert. Ich neige in dieser Hinsicht zu Gelassenheit. Denn mit Blick auf die Zukunft mit Erderwärmung und zunehmendem Trockenstress birgt sie ein großes Potenzial, auch in der Stadt.

Auf ostdeutschen Sandstandorten wurden ganze Robinien-Wälder angepflanzt sowie Kippen und Deponien mit dieser Baumart aufgeforstet. Die Landschaft erinnert mit ihren großflächigen Robinien-Wäldern streckenweise an die ungarische Puszta.

Die Robinie ist eine Pionier-Baumart. Sie hat einen hohen Lichtbedarf und lässt viel Licht durch ihre Kronen hindurch, sodass sich zusammen mit der Stickstoff-Anreicherung durch ihre Wurzeln eine kräftige Krautschicht am Boden entwickelt.

Aufgrund der relativ späten Blüte und wegen der intensiven Bestäubung durch Insekten ist die Robinie ein wertvoller Lebensraum für viele Tierarten, was aus der Sicht des Naturschutzes geschätzt wird, begünstigt noch durch die Lichtdurchlässigkeit der Kronen. Viele Pilzarten besiedeln problemlos das Holz und absterbende Äste.

Witterungsbeständiges Holz

Das Holz der Robinie wirkt attraktiv durch einen ausgeprägten grünlich gelben Farbkern und seine Witterungs-Beständigkeit. Das Kernholz muss man daher nicht imprägnieren, es kann sogar als Terrassen-Belag dienen. Robinienholz hat einen hohen Heizwert und ist relativ schwer. Man kann warm klingende Indianer-Flöten daraus herstellen. Die größten Robinien-Wälder außerhalb Nordamerikas wachsen heute in Ungarn und China, da man mit Robinien in Schnellwuchs-Plantagen viel Biomasse produzieren kann.

Charakter der Robinie als Akazien-Ersatz in einer Zoolandschaft.

Die Robinie sichert nicht nur – wie erwähnt – Böschungen. Klippen werden mit ihr aufgeforstet, sie kann auch sehr schöne Alleen bilden, wobei ihr die Salztoleranz zugutekommt. Wegen ihrer Giftigkeit und ihrer Dornen sollte sie nicht vor Einrichtungen für Kinder oder Senioren verwendet werden.

Die wirtschaftlich wichtigste Nebennutzung der Robinie ist die Honigtracht. In Ungarn erreicht der Ertrag aus Robinienhonig (»Akazienhonig«) zeitweise die Hälfte des Holzertrages. Heilwirkungen sind kaum bekannt, das hängt zum Teil sicher mit den Giftanteilen zusammen. Lediglich die Robinien-Blüten werden immer wieder genannt als krampflösendes Mittel und als Hustentee. Präparate aus frischer Rinde sollen gegen Magenblutungen und Kopfschmerzen helfen. In ihrer Heimat in Nordamerika gilt die Robinie als Symbol der Hoffnung und des Neuanfangs.

Die ausgebreiteten Kronen erinnern an Akazien in afrikanischen Savannen (darauf bezieht sich das Beiwort *pseudoacacia* im Wissenschaftsnamen). Dies wird hierzulande in Zoolandschaften mit Giraffen oder Elefanten ausgenutzt.

Mächtiger Baum mit großen Früchten

Jedermann kennt die Gewöhnlichen Rosskastanien, die Anfang Mai mit ihrem Blütenmeer strahlen. Schon Kinder lieben diese Baumart (viele Erwachsene ebenso).

Rosskastanien (*Aesculus hippocastanum*) machen uns viermal im Jahr Freude: im Winter mit ihren riesigen glänzenden Knospen, im April beim Erscheinen der großen gefingerten Blätter, im Mai mit ihrem sehr lange anhaltenden Blüten-Spektakel und im Herbst mit den vielen großen, glänzenden Samen.

Charakter der Rosskastanie zur Blütezeit.

Ursprünglich stammt die Rosskastanie vom Balkan. Sie wurde erst 1576 in Mitteleuropa eingeführt, ist also eine nichtheimische Baumart, ein Neophyt. Die Rosskastanie ist nicht mit der Ess- oder Edel-Kastanie (Marone) zu verwechseln, selbst wenn die Früchte auf den ersten Blick ähnlich aussehen.

Die Rosskastanie ist mit dem Ahorn so nahe verwandt, dass Botaniker sie neuerdings gemeinsam mit diesem in die Familie der Seifenbaumgewächse stellen. Bei der Rotblühenden Rosskastanie (*Aesculus × carnea*), die in kleinen Gärten und in Fußgängerzonen der Städte sehr beliebt geworden ist, handelt es sich um eine Kreuzung zwischen der Gewöhnlichen Rosskastanie und der nordamerikanischen Pavie.

Die Rosskastanie war Baum des Jahres 2005, erstmals ist damit eine nichtheimische Baumart ernannt worden.

Breite, gewölbte Krone

An der Wuchsform einer Rosskastanie fällt sofort ihre relativ breite, gewölbte Krone auf. Man hat direkt den Eindruck, dass viele Rosskastanien mehr in die Breite als in die Höhe wachsen. Beim Betrachten der Zweige erkennt man die dicken jungen Triebe mit den größten Knospen aller häufigen Baumarten. Selbst Kindern sind diese monströsen Organe oft schon bekannt, vor allem, da die Knospen aufgrund von Harzausscheidungen auch noch glänzen und kleben. Bei den Knospenschuppen fallen immer einige auf, die an der Spitze ein paar ganz kleine zipfelartige Ansätze von Fiederblättchen tragen und sich offenbar nicht so recht entscheiden konnten, ob sie Schuppe oder Blatt werden wollen. Botaniker sprechen dabei von Übergangsblättern.

Der Stamm besitzt eine grobe Schuppenborke und bei genauerem Hinsehen fällt der Drehwuchs auf, den über 90 Prozent aller Rosskastanien aufweisen. Die Holzstrukturen sind dabei längs des Stammes nicht genau senkrecht orientiert, sondern verdreht. Unter Wissenschaftlern wird diskutiert, ob dieser Drehwuchs angeboren ist oder ob er durch die Erddrehung oder durch das Wandern der Sonne bedingt sein kann. Mehr dazu findet sich unter der Ess-Kastanie.

Rosskastanien können vier Meter (selten sechs Meter) Stammumfang erreichen und 20 bis 30 Meter hoch werden. Ihr Höchstalter liegt bei 200 bis 300 Jahren.

Die Blätter stehen gegenständig am Spross (im Gegensatz zur Ess-Kastanie) und sind gefingert. Das heißt, ein einzelnes Blatt besteht aus fünf bis sieben Fiederblättchen, die allesamt vom Ende des Blattstiels ausgehen und sehr unterschiedlich groß sind (das mittlere Fiederblatt ist immer am größten). Bei Windstärke 4 hört man im Sommer aus der Krone ein knisterndes Rauschen oder klapperndes Rascheln. Die Herbstfärbung ist gelblich braun, wobei Blätter an Straßenlaternen sich oft erst deutlich später verfärben und abfallen.

Kerzenartige Blütenstände

Zu den schönsten Details dieser Baumart gehören die sich Ende April oder Anfang Mai öffnenden Blüten. Sie tragen fünf auffällige cremeweiße Kronblätter, deren beide obere einen Farbfleck aufweisen, das sogenannte Saftmal. Es ist an einigen Blüten gelb, an vielen orangefarben oder rot gefärbt.

Die Blüten sind zu Hunderten in verzweigten, großen kerzenartigen Blütenständen vereinigt. Beim lohnenswerten Betrachten der Einzelblü-

Gelbe und rote Saftmale (Farbflecken) haben eine Ampelfunktion für bestäubende Insekten. Sie bedeuten ein faszinierendes Element der Blütenökologie.

ten findet man nur selten beide Geschlechter sofort, nämlich einen Fruchtknoten und dazu sieben Staubblätter (ursprünglich waren es zehn). Im oberen Teil des Blütenstandes finden wir vielmehr tendenziell männliche Blüten (der Fruchtknoten ist verkümmert), dann folgen in der Mitte des Blütenstandes zwittrige Blüten und an der Basis des Blütenstandes befinden sich nur weibliche (die männlichen Anlagen sind unterdrückt).

Diese Geschlechter-Verteilung hat den Vorteil, dass sich die Früchte nur im unteren Teil des Blütenstandes entwickeln, was erheblichen Aufwand für die Stabilität der Fruchtstandachsen spart, weil sie nicht so lang sein müssen. Da sich in einer Krone über 1000 Blütenstände entwickeln können, lohnt dieses Aufwandsparen für den Baum, vor allem bei einem Fruchtgewicht von 20 Gramm (und davon bis zu 10 000 an einem großen Baum).

Die Kastanien reifen bis zum September in stacheligen Kapseln, die dann im Oktober dreiklappig aufplatzen und den ungenießbaren Samen hervorbringen – wunderschön braun glänzend mit einem charakteristischen weißen Fleck.

Die Samen befinden sich meistens einzeln, selten zu zweit oder zu dritt in der Kapsel, deren Stacheln und weiche Fruchtschale den Aufprall beim Herabfallen aus der Krone dämpfen. Dann springt der glatte Same aus der aufplatzenden Kapsel heraus und rollt noch ein Stück davon. Diese Samen sind im Gegensatz zu den Maronen der Ess-Kastanie bitter und für Menschen schwach giftig.

Einige Tiere legen sich Depots als Winterfutter an, die sie dann aber teilweise vergessen. Da die Blüten- und Fruchtstände am Ende von den Zweigen stehen, sind diese Zweigspitzen nach der Blüte nicht mehr zu einem weiteren Wachstum in der Lage. Nur Seitenknospen können das Wachstum des Astes fortsetzen, der sich als Folge davon gabelt.

Die Keimung muss im folgenden Frühjahr erfolgen, sonst geht die Keimfähigkeit verloren. Sie funktioniert außerdem nur bei Bedeckung des Samens durch Laub oder Erde. Bei der Keimung bleiben die Keimblätter zusammengefaltet in der Erde und liefern ihre nahrhaften Inhaltsstoffe so lange an den wachsenden Keimling, bis er sich selbst versorgen kann.

Unsere Freude über den schönen Glanz der Kastanien hält meist nicht lange an, denn sie werden an der Luft schnell matt. Man muss sie einölen, sollen sie weiterhin glänzen.

Die tief reichenden und weit streichenden Wurzeln machen Rosskastanien sehr sturmfest. Anfangs entwickelt sich eine kräftige Pfahlwurzel, später dann ein Herzwurzelsystem.

Verdrängt durch die Eiszeiten

Die Heimat der Rosskastanie ist mit zerstreuten kleinen Vorkommen auf dem Balkan in den Mittelgebirgen Griechenlands, Albaniens und Mazedoniens zu finden. Dorthin hat sie sich während der Eiszeiten zurückgezogen. Vorher war sie auch bei uns heimisch, hat aber die Rückwanderung nach den Eiszeiten bis hierher dann von selbst nicht mehr geschafft. (Das war genauso bei Ess-Kastanie und Walnuss.)

Erst der Mensch hat die Rosskastanie wieder nach Mitteleuropa gebracht; sie kam im Jahre 1576 zunächst nach Wien. Die Türken verbreiteten sie während ihrer Eroberungs-Feldzüge quer durch Europa, denn sie hatten Kastanien als Futter und Medizin für ihre Pferde mit dabei. Die Baumart zeigt heute, dass sie hier problemlos wachsen, regelmäßig reife Früchte produzieren kann und winterhart ist. Inzwischen kommt sie bei uns sogar bis in Höhenlagen von über 1000 Meter vor und wächst auch in Skandinavien.

Beeindruckend ist der starke Schattenwurf einer alten Rosskastanie (solange sie keine Blatt- oder sonstigen Schäden hat). Kaum eine andere Baumart beschattet so stark, vergleichbar sind nur Buche und Eibe. Die Rosskastanie selbst hat aber einen gewissen Lichtbedarf, um alt zu werden. Sie ist eine Übergangs-Baumart.

Beliebt für Biergärten ist die Rosskastanie wegen ihres starken Schattenwurfes.

Im Wald suchen wir die Rosskastanie fast vergeblich. Sie ist für die Forstwirtschaft so uninteressant, dass sie in den meisten forstlichen Fachbüchern gar nicht erwähnt wird. Höchstens entlang von Hauptwegen, am Waldrand oder an Wildfütterungs-Plätzen tritt sie in Erscheinung. Umso wichtiger ist ihre Bedeutung als Stadt- und Biergartenbaum. Die war früher noch größer als heute, da ihr der Stress in der Stadt immer mehr zu schaffen macht. Auch als Baumart von Schloss- und Parkanlagen hat sie seit langer Zeit erhebliche Bedeutung. Viele vermögende Herrschaften ließen einst in ihren Gärten und als Alleen Rosskastanien pflanzen, die bis heute durch Ersatzpflanzungen erhalten geblieben sind und teilweise unter Denkmalschutz stehen.

Blüten mit Ampelfunktion

Das größte Naturschauspiel an einer Rosskastanie bietet sicher die »Ampelanlage« der Blüten, die wohl aufregendste blütenökologische Anpassung zwischen Bäumen und Insekten, die es an unseren Bäumen gibt. Die beiden oberen Kronblätter weisen – wie schon beschrieben – einen Farbfleck auf, ein sogenanntes Saftmal, das beim Aufblühen zunächst gelb gefärbt ist. Nur die gelben Blüten produzieren Nektar, das heißt, der Besuch lohnt sich für Bienen und Hummeln. Diese sorgen für die Bestäubung beziehungsweise nehmen den Pollen mit. Bereits ein bis zwei Tage später erlischt die Nektarproduktion und das Saftmal verfärbt sich rot. Der Besuch

Im Herbst treibt eine Rosskastanie mit reifen Früchten am Baum aus und blüht. Ursache dafür ist vorzeitiger Blattfall nach starkem Miniermotten-Befall.

lohnt sich dann für Insekten nicht mehr, die rotblind sind und daher diese Blüten nicht mehr anfliegen. Bei einer blühenden Rosskastanie kann man tatsächlich beobachten, dass nur die gelben Blüten angeflogen werden. So stellt die Rosskastanie den Blütenbesuch der bestäubungsbereiten beziehungsweise pollenspendenden Blüten sicher und lenkt die Bienen und Hummeln nur dorthin, wo sie ihnen den Nektar spendiert.

Nahrung für Notzeiten und Tierfutter

Das Kastanienholz ohne einen auffälligen Farbkern ist fast bedeutungslos, vor allem wegen seiner ungünstigen Eigenschaften in der Verarbeitung und des häufigen Drehwuchses, der viele Verwendungen erschwert oder unmöglich macht. Holz, das sich verdreht, eignet sich zum Beispiel nicht für ein Bücherregal. Für Schnitzarbeiten, Obstkisten, orthopädische Geräte und im Spielzeugbau findet es gelegentlich Verwendung.

Viel wichtiger ist bei dieser Baumart der Zierwert und die Schattenwirkung in Biergärten – solange sie ihre Blätter bis zum Herbst behält. In Ländern und Bundesländern mit vielen Biergärten hat man damit derzeit ein Problem, weil die Blätter wegen der Kastanien-Miniermotte (siehe unten) bereits im August und September abfallen – die Krone wird lichtdurchlässig.

Genutzt werden die Früchte: Wegen ihres hohen Stärkegehaltes (ähnlich der Kartoffel) dienten sie als Vieh- oder Wildfutter und in Notzeiten zur Mehlherstellung, als Kaffee-Ersatz sowie für kosmetische Produkte, Farben und Schäume. Außerdem werden Arzneimittel daraus hergestellt. Seit Jahrhunderten sammeln Kinder im Herbst Kastanien, um daraus Streichholzfiguren oder Ketten zu basteln. So ist das Herunterholen der Früchte aus den Kronen mit Knüppeln und Steinen seit Langem zum Lieblingssport der Grundschüler im September geworden (ich selbst mische mich auch darunter ...). Deshalb raufen sich jedes Jahr zu dieser Zeit die für Grünanlagen Verantwortlichen besorgt die Haare.

In der Naturheilkunde verwendet man Inhaltsstoffe von Rinde, Blättern, Blüten und Früchten gerne wegen ihrer die Durchblutung fördernden Wirkung bei Venenleiden. Auch als »Gichtbaum« ist die Rosskastanie unter Naturheilkundlern bekannt. Kühlende Salben gegen Sonnenbrand enthalten meist Extrakte aus ihren Knospen.

Aussagen zur Mythologie der Kastanie beziehen sich fast immer auf die Ess-Kastanie, da sie schon seit 2000 Jahren hier verbreitet ist.

Medizin für die Pferde

Der Name Ross- oder Pferdekastanie geht auf ihre früher weithin bekannte Heilwirkung der Samen bei kranken Pferden zurück. Oder soll er deutlich machen, dass die Samen nur für Pferde und eben nicht für Menschen genießbar sind? Als Kastagnetten (im Spanischen eine Verkleinerungsform von Kastanie) werden kleine Rhythmus-Instrumente aus zwei ausgehöhlten, an Kastanienschalen erinnernden Hartholzschälchen bezeichnet, die man gegeneinander schlägt. Unter anderem beim spanischen Flamenco sind sie zu hören.

Unter den Insekten freut sich über diese Baumart derzeit wohl am meisten die Rosskastanien-Miniermotte, deren Larven in den Blättern fressen und dadurch braune Flecken zwischen den Seitennerven hervorrufen. Darauf reagieren die Bäume, indem einige im September erneut austreiben und blühen – mit der Folge, dass die für das kommende Frühjahr entwickelten Blüten dann schon verbraucht sind. Im Extremfall lässt sich beobachten, dass Rosskastanien im September blühen und gleichzeitig reife Früchte tragen.

Gegenüber Streusalz ist die Rosskastanie sehr empfindlich. Es kommt dann zu deutlichen Blattschäden mit absterbenden braunen Blatträndern.

Immer wieder hört und liest man bis in die jüngste Zeit, dass bei der Rosskastanie (wie auch bei Hainbuchen) eine direkte Beziehung zwischen einem Wurzelstrang und dem darüber befindlichen Ast in der Krone besteht. Wenn also ein Ast in der Krone abstirbt, so muss die darunter befindliche Wurzel geschädigt worden sein. Dies trifft so nicht zu.

Erstens gibt es eine solche Beziehung bei älteren Bäumen grundsätzlich nicht (das haben wir in Experimenten nachgewiesen und es wäre baumbiologisch auch viel zu riskant). Zweitens muss man bedenken: Selbst wenn es den Zusammenhang gäbe, müsste aufgrund des verbreiteten Drehwuchses bei Rosskastanien eher ein Ast auf einer anderen Kronenseite absterben und eben gerade nicht der, der sich genau über der abgestorbenen Wurzel befindet.

Stechpalme

Immergrün im Schatten

Die Stechpalme oder Hülse ist wohl eine der ungewöhnlichsten einheimischen Laubbaum-Arten, da sie ledrige, glänzende, gezähnte Blätter hat, die mehrere Jahre lang am Leben bleiben.

Die kleine Stechpalme (*Ilex aquifolium*) ist immergrün und sorgt daher auch im Winter für willkommenes Grün und Abwechslung. Zudem ist sie so schattentolerant, dass sie sogar im Unterstand von Buchen-Beständen überlebt. Im Herbst und Winter sind ihre vielen knallroten Früchte attraktiv und sehr beliebt in Advents-Gestecken.

Der Verbreitungs-Schwerpunkt liegt in wintermilden Gebieten, die Stechpalme wird sich wohl zukünftig ausbreiten. Wildexemplare sind so selten, dass sie als eine von wenigen Baumarten bei uns nach der Bundesartenschutz-Verordnung streng geschützt sind. Die Stechpalme gehört zur Familie der Stechpalmengewächse.

Männlein und Weiblein

Viele Stechpalmen wachsen strauchförmig, aber man findet regelmäßig auch baumförmige Exemplare, sodass es sich eindeutig um eine Baumart handelt. Die Wuchsform der Krone kann vornehm kegelförmig aussehen oder sie ist aufrecht oval. Die Triebe bleiben bis zu zehn Jahre grün, können also Fotosynthese betreiben. Die dabei produzierte Zuckermenge ist allerdings gering im Vergleich zu den immergrünen Blättern.

Die graue Rinde bleibt lange glatt (Typ Glattrinde), in hohem Alter entwickelt sich eine Schuppenborke. Die Stammumfänge können ein bis zwei Meter, die

Die glänzende Blattoberfläche kommt bei der Stechpalme durch verstärkte Wachsauflagerungen zustande, die die Blätter vor Austrocknung und Kälte schützen, denn sie sollen mehrere (bis zu vier) Sommer und Winter überleben.

Charakter der Stechpalme mit immergrüner kegelförmiger Krone im Unterwuchs eines Bestandes.

Baumhöhen zehn Meter (selten 15 Meter) erreichen. Das Höchstalter beträgt 200 Jahre.

Das ganz Besondere der Stechpalme sind ohne Zweifel ihre Blätter: Sie fallen vor allem im Winter auf, wenn fast alle anderen Laubbäume kahl sind. Dann glänzen sie weiter in der Wintersonne und wirken bizarr durch ihre Blattrandzähne.

Es findet keine nennenswerte Blattfärbung vor dem Laubfall der ältesten Blätter im Spätsommer statt, nur einzelne Blätter vergilben. Bei Windstärke 4 hört man aus der Krone ein helles Rauschen.

Die Art wächst zweihäusig mit männlichen und weiblichen Blüten auf getrennten Pflanzen. Es gibt folglich nur männliche oder weibliche Bäume. Für eine Fruchtbildung müssen beide Geschlechter nahe beieinander stehen, möglichst nicht weiter als 50 Meter voneinander entfernt. Die von Insekten bestäubten Blüten duften angenehm und sind (grünlich) weiß, aber durch ihre geringe Größe relativ unauffällig. Im Gegensatz dazu fallen die Steinfrüchte durch ihre leuchtend rote Farbe zwischen den dunkelgrünen Blättern sehr auf. Das sehen auch Vögel, die sie dann im Herbst und Winter fressen. Die Stechpalme entwickelt ein Herzwurzelsystem.

Fotosynthese im Winter

Das natürliche Verbreitungsgebiet der Stechpalme erstreckt sich über die Mitte, den Süden und den Nordwesten Europas. Daraus lässt sich ein gewisser Wärmebedarf ableiten, vor allem etwas mildere Winter sind günstig wegen der immergrünen Blätter. Die Ostgrenze der Verbreitung verläuft durch Deutschland und folgt etwa der Linie der Durchschnitts-Temperatur im Januar von 0 °C.

Die Stechpalme ist eine der wenigen Baumarten, die durch die Bundesartenschutz-Verordnung unter besonderem Schutz stehen, weil sie so selten sind. Dies gibt es unter den Gehölzen nur noch für Eiben und Buchsbaum sowie einige Kleinsträucher. Stechpalmen dürfen also in der Natur nicht beschädigt oder gar entnommen werden.

Die Stechpalme ist bei uns die einzige einheimische immergrüne Laubbaum-Art (der ebenfalls immergrüne Buchsbaum ist eine Strauchart). Als immergrün bezeichnet man Baumarten, deren Blätter länger als ein Jahr am Baum hängen bleiben. Die meisten Nadelbaum-Arten sind immergrün (eine Ausnahme bildet zum Beispiel die Lärche). Immergrüne Laubbaum-Arten haben Vorteile in wintermilden Regionen, besonders dort, wo die Sommer so heiß und trocken sind, dass sie nur zeitweise für Fotosynthese genutzt werden können (wie zum Beispiel im Mittelmeerraum). Winter- und immergrüne Bäume können so auch warme Perioden im Winterhalbjahr ausnutzen, die dann über das gesamte Jahr betrachtet ebenfalls wichtige Zeiträume für die Fotosynthese darstellen.

Immergrüne Laubbaum-Arten deuten daher auf ein Verbreitungsgebiet auch oder schwerpunktmäßig in wärmeren oder zumindest wintermilden Gebieten hin, zum Beispiel in Meeresnähe. Die Frosthärte ist bei diesen Arten oft geringer, denn der Frostschutz der Blätter macht Aufwand erforderlich. Bei regelmäßig tiefen Winter-Temperaturen sind

Der immergrüne Stechpalmenwald wächst als zweite Baumschicht in einem Buchenwald.

Blattfall oder nadelförmige Blätter der beste Schutz vor Frostschäden. Die Blätter der Stechpalme haben immerhin eine Frosthärte bis −20 °C.

Die Stechpalme ist eine Übergangs-Baumart. Dabei beeindruckt ihre hohe Schattentoleranz, sodass sie in geschlossenen Buchen-Beständen überlebt und dort sogar »Stechpalmen-Wälder« im Unterstand bildet. Dadurch werden die Bestände auch im Unterwuchs dicht, stellenweise undurchdringlich und bilden im Winter Schutz für Wild und Vögel. Es entsteht ein sehr ungewöhnliches Bestandsbild, das durch die Stechpalmen-Blätter etwas südliches Flair erhält. Dementsprechend wird die Baumart gelegentlich als »Wilder Lorbeer« bezeichnet.

Die Ausprägung der Blätter ist sehr variabel. An ein und demselben Zweig kommen sowohl glattrandige ungezähnte als auch unterschiedlich gezähnte Blätter vor. Man spricht dabei von der Verschiedenblättrigkeit (Heterophyllie) der Stechpalme. Zudem konnten wir bei eingehenderen Untersuchungen feststellen, dass die Blätter in den unteren Kronenbereichen stärker gezähnt sind als die im höheren Kronenbereich.

Eine Ursache dafür könnte sein, dass die Blätter nur in Verbisshöhe den Schutz durch Blattrandzähne benötigen und dieser in höheren Kronenbereichen überflüssig ist. Die Blattrandzähne stellen tatsächlich einen sehr wirksamen Schutz vor Verbiss dar – nur im Austriebsstadium nicht, wenn sie noch weich sind. So ist auch zu erklären, dass sich die Stechpalme zu Zeiten der Waldweide im 18. und 19. Jahrhundert ausgebreitet hat. Die Tiere fraßen fast alle Gehölze, nur die Stechpalme ließen sie stehen.

In einem Naturschutz-Projekt erforschen wir am Institut derzeit die Ursache für das langsame Wachstum von Stechpalme und Eibe. Wir möchten wissen, warum sie kaum auf bessere Lichtverhältnisse reagieren. Unsere Vermutung ist, dass es am Wassertransport liegt, der sich nicht steigern lässt. Daher könnten (halb)schattige Verhältnisse für diese Gehölze am günstigsten sein.

Schmuck im Garten und in der Floristik

Das relativ schwere, helle Holz der Stechpalme ist für feinere Tischler-, Drechsler- und Schnitzarbeiten beliebt. Es gilt als wertvollstes »weißes Holz« für Einlege-Arbeiten, zum Beispiel in Schachbrettern.

Die häufigste Verwendung der Stechpalme erfolgt bei uns als Stadtbaum. Sie eignet sich als Ziergehölz für Gärten, Parks und als Hausbaum. Auf Schutz vor zu starker Sonnenstrahlung und vor Nord- und Ostwind im Winter ist dabei zu achten. Meist werden Sorten verwendet, die sich auszeichnen durch besondere Formen, Größen, Färbung und Bestachelung der Blätter, Fruchtfarbe oder eine spezielle Wuchsform. Die Art eignet sich auch sehr gut zur Anlage von Hecken, da sie Schnitt gut verträgt.

Die Stechpalme besitzt charakteristisch gezähnte, immergrüne Blätter und leuchtend rote Früchte.

Die Zweige von Stechpalmen sind wegen ihres immergrünen Laubes und ihrer leuchtend roten Früchte beliebt für die Kranzbinderei, als Gräberschmuck und zur Dekoration bei Festlichkeiten, besonders zu Weihnachten. Das hatte früher mit zum Rückgang der Art beigetragen, inzwischen werden dafür nur noch kultivierte Exemplare verwendet.

Die heute als giftig eingestuften Blätter wurden früher als aufmunternder Tee getrunken – so ändern sich die Zeiten. Mate-Tee stammt übrigens von einer südamerikanischen *Ilex*-Art. In der Volksheilkunde wurden die ebenfalls giftigen Früchte gelegentlich als Abführmittel und gegen Epilepsie eingesetzt, was die Patienten teilweise nicht überlebten.

Keltisches Symbol der Winterzeit

Aufgrund der ungewöhnlichen Eigenschaften (immergrüne, glänzende, stachelige Blätter mit roten Früchten) hat die Stechpalme in der Mythologie schon lange Bedeutung gehabt. Bereits die Kelten verehrten sie, den Römern galt sie als zukunftsdeutender Baum.

Stechpalmen-Zweige sind in Großbritannien eng mit der Weihnachtszeit verbunden. Diese Tradition wird inzwischen in den USA noch ausufernder gepflegt als im britischen Mutterland. Dort gibt es riesige »Holly-Farmen«, wo die angepflanzten Stechpalmen zum Schutz vor Vögeln in jedem Herbst mit Netzen überspannt werden. Vor Weihnachten werden die Zweige geschnitten. Allerdings ist bei Bodengestecken zu beachten, dass bereits zehn Früchte für Kinder tödlich sein können.

Im angelsächsischen Raum hat sich die Verehrung der Stechpalmen bis heute erhalten, man schmückt immer noch zu Weihnachten das Haus mit »Holly«-Zweigen. Sie werden zur Weihnachtszeit zur Zierde der Haustür und der Zimmer sowie zum Schmuck von Speisen verwendet.

Die Bezeichnung »Hülse« wie auch das englische »Holly« gehen auf althochdeutsch »hulis« zurück. Die Bezeichnung meinte zunächst den südeuropäischen Strauch Mäusedorn und wurde schließlich auf weitere immergrüne, stechende Gehölze wie eben die Stechpalme übertragen.

Noch heute lassen viele Flur- und Ortsnamen mit der Silbe »Hüls-« auf das einstige Vorkommen der Stechpalme schließen, zum Beispiel Hülsfeld und Hülsebusch. Auch in Familiennamen wie Droste-Hülshoff und Hülsmann taucht der Name dieser Baumart auf.

Weiß-Tanne

Stolzer, empfindlicher Nadelbaum

Tannenbäume sind zwar den meisten Menschen gut bekannt, doch werden mit »Tanne« oft großzügig alle immergrünen Nadelbaum-Arten bezeichnet.

Sieht man im Mittelgebirge einen dicken und hohen Nadelbaum mit geradem Stamm, der mit Moosen und Flechten bewachsen ist und dessen Krone einem Storchennest ähnelt, dann kann es sich eigentlich nur um eine Weiß-Tanne (*Abies alba*) handeln. Zufrieden kann man feststellen, ein Exemplar dieser sehr seltenen Baumart gefunden zu haben, die regional durch die Luftverschmutzung der 1980er-Jahre fast ausgestorben war, sich aber inzwischen wieder erholt. Aufgrund ihrer Empfindlichkeit gegenüber verschiedenen Einflüssen wird die Weiß-Tanne auch als Mimose unter den Wald-Baumarten bezeichnet.

Die Tannen gehören zur Familie der Kieferngewächse und darin zur Unterfamilie der Tannenartigen, deren Nadeln sich nur an Langtrieben befinden. Die Weiß-Tanne war Baum des Jahres 2004.

Tanne oder Fichte?

Als Tanne bezeichnen die meisten Menschen seit ihrer Kindheit alle Bäume, die im Winter grüne Nadeln tragen. Auch Weihnachtsbäume sind für viele Nichtbotaniker grundsätzlich Tannenbäume. Das stimmt in einzelnen Fällen auch. Allerdings liegen auf Weihnachtstellern niemals Tannenzapfen. Und die sogenannten Rot- und Blau-Tannen sind gar keine Tannen, sondern Fichten.

In der Kronen-Architektur einer jungen Tanne dominiert wie bei Fichten der einzige senkrechte Wipfeltrieb. Er sorgt dafür, dass alle Seitenäste herabgedrückt bleiben. Das ändert sich nur, wenn er beschädigt wird (zum Beispiel durch Frost oder Wildverbiss) – dann richten sich die obersten Seitenzweige auf und konkurrieren einige Jahre darum, wer den Wipfeltrieb ersetzt. Als eine Besonderheit entwickelt die Weiß-Tanne in höherem Alter in der Oberkrone ein sogenanntes »Storchennest«: Die Vorherrschaft des Wipfeltriebes geht verloren und die Seitenäste bilden eine große nestartige, abgeflachte Kronenspitze, die schließlich mehr in die Breite als in die Höhe wächst. Darauf bezieht sich die nette Bezeichnung.

Imposanter Charakter einer alten Weiß-Tanne mit Storchennest und heller Rinde.

Der Name Weiß-Tanne geht übrigens auf die zunächst relativ helle, weißgraue Rinde zurück, die glatt ist, im Alter schuppig wird (Typ Schuppenborke) und zahlreiche Harzblasen aufweist.

Weiß-Tannen erreichen bei uns ein Höchstalter von 200 bis 300 Jahren. Der Stammumfang kann drei bis vier Meter (selten sechs Meter) erreichen. Die gewaltigste Weiß-Tanne soll zwölf Meter Umfang gemessen haben, diese Zeiten sind aber vorbei. Die wohl stärksten, heute noch lebenden Tannen Deutschlands dürften im Schwarzwald stehen, mit einer Einzelbaum-Holzmasse von mehr als beeindruckenden 40 Kubikmetern.

Weiß-Tannen werden als höchste einheimische Bäume Europas bis zu 65 Meter hoch, was dazu führt, dass sie im Wald eine zweite Baumschicht über Buchen und Fichten bilden können. Diese zweischichtige Bestandsstruktur erinnert an tropische Regenwälder und kommt ohne die Tanne hierzulande nirgendwo vor.

Aufrechte Zapfen zerfallen am Baum

Die ein bis vier Zentimeter langen, weichen und an der Spitze stumpfen Nadeln stehen bei den Tannen auf kleinen Füßchen; sie sind wie mit

Tannennadeln unterschiedlicher Länge stehen mit kleinen Füßchen am Zweig.

Saugnäpfchen am Zweig befestigt. Wenn Sie eine Tannennadel vom Trieb abzupfen, bleibt eine glatte runde Narbe zurück, bei einer Fichte dagegen verbleibt dann noch ein Rest der Nadelbasis mit am Zweig, sodass der entnadelte Spross rau wie eine Feile ist. Die Nadeln der Weiß-Tanne sind zudem an Seitenzweigen auffällig gescheitelt. Das heißt, sie stehen rechts und links vom Trieb ab, als wären sie zweizeilig angeordnet (was sie aber nicht sind, sondern sie sitzen tatsächlich spiralig am Spross – das sieht man ganz deutlich am aufrechten Wipfeltrieb). Dabei sind die oberen Nadeln viel kürzer als die unteren. Auf diese Weise finden wir kurze und lange Nadeln gleichzeitig am Spross.

Die Nadeln der Weiß-Tanne duften ganz wunderbar, wenn wir sie zwischen den Fingern zerreiben. Am Duft können Geübte sogar viele der Tannen-Arten unterscheiden. Die Nadeln der Weiß-Tanne riechen beispielsweise nach Terpentin-Balsam und fühlen sich angenehm ölig weich an. Bei Windstärke 4 hört man aus der Krone ein gleichmäßiges hohes Rauschen.

Weiß-Tannen blühen erst mit etwa 50 Jahren. Die hängenden männlichen Blüten (es handelt sich um Einzelblüten) und die aufrecht stehenden weiblichen Zapfen-Blütenstände sind voneinander getrennt in der Krone verteilt. Im Herbst reifen die Tannenzapfen heran, womit wir zurück zu den Weihnachtstellern kommen: Die bis zu 16 Zentimeter großen reifen Tannenzapfen stehen auf den Zweigen, während sie bei fast allen anderen Nadelbäumen hängen. Das kann richtig schick aussehen, so als ob die Natur selbst die Kerzen am Weihnachtsbaum erfunden hätte.

Bei der Reife fallen die Samen im Herbst und Winter nach und nach, von der Zapfenspitze beginnend, aus der Krone herunter, richtiger gesagt segeln sie, denn sie haben einen Flügel, der sie zu »Schraub-Drehfliegern« macht. Schließlich stehen nur noch die Spindeln der Zapfen auf den Ästen. Auf dem Waldboden und ebenso auf dem Weihnachtsteller können daher keine Tannenzapfen liegen (dafür müsste schon jemand in die Spitze der Tannenkronen klettern und die Zapfen herunterwerfen). Tannenzapfen können nicht als Ganzes vom Baum fallen, im Gegensatz zu Fichten- und Kiefernzapfen.

Es entwickelt sich anfangs eine kräftige Pfahlwurzel, die schließlich zu einem herzförmigen Wurzelsystem führt. Wurzeln benachbarter Bäume verwachsen miteinander und sorgen so für noch bessere Standsicherheit und einen Stoff- und Informations-Austausch zwischen Nachbarbäumen. Allerdings können sich so auch Schädlinge, zum Beispiel Pilze, schneller ausbreiten.

Am liebsten im gemischten Bestand

Das Verbreitungsgebiet der Weiß-Tanne beschränkt sich auf das südliche Mitteleuropa und Südost-Europa. In Deutschland verläuft die Nordgrenze des natürlichen Vorkommens vom Schwarzwald über Thüringen und das Erzgebirge in die Niederlausitz. Trotzdem wächst die Weiß-Tanne auch außerhalb dieses Verbreitungsgebietes bei günstigen Bedingungen gut und problemlos, zum Beispiel auch in Nordwest-Deutschland und in Dänemark.

Die Weiß-Tanne kommt von Natur aus überwiegend in Mischbeständen der Mittelgebirge mit Buche und/oder Fichte vor, seltener auch in Reinbeständen. Man bezeichnet sie daher auch als die tragende Säule der Bergmischwälder. Dabei spielen die Bodenverhältnisse nicht die entscheidende Rolle, aber das Klima darf nicht zu warm, nicht zu kalt und vor allem nicht zu trocken sein.

Besonders günstig sind luftfeuchte Lagen und mindestens 600 Millimeter Niederschlag im Jahr. Immerhin kann die Weiß-Tanne in den Alpen noch bis in 2000 Meter Höhe vorkommen. Die frostfreie Periode muss mindestens drei Monate lang sein. Im Übrigen meidet die Tanne nicht nur klimatisch, sondern auch hinsichtlich der Bodenverhältnisse die Extreme.

Die Weiß-Tanne verjüngt sich im Mischwald von Natur aus besser unter alten Buchen und Fichten, die Fichte hingegen besser unter alten Tannen. Dadurch kommt kleinflächig von Generation zu Generation ein interessanter Wechsel von Baumarten zustande.

Die Rote Liste für Deutschland führt die Weiß-Tanne als gefährdet auf, für mehrere Bundesländer gilt sie als gefährdet oder vom Aussterben bedroht. Nennenswerte, wenn auch im Vergleich zu früher beschauliche Reste der damaligen Pracht von alten Tannen-Mischwäldern wachsen heute nur noch im Schwarzwald, in den Vogesen und im Bayerischen Wald.

In der guten alten Zeit konnte man in Deutschland noch »in den Tann« gehen. Leider ist die Weiß-Tanne inzwischen die Baumart mit dem stärksten Rückgang in den letzten 200 Jahren: 90 Prozent der ursprünglichen Bestände sind verloren gegangen.

Aber auch hier gibt es Probleme mit der Naturverjüngung. Mit unter zwei Prozent Anteil an der Waldfläche ist die Tanne mittlerweile eine unserer seltensten Baumarten geworden und zu tragischer Berühmtheit durch das »Tannensterben« gelangt, das dem »Neuartigen Waldsterben« vorausgegangen ist. Sie zeigt sich empfindlicher gegenüber Klimaschwankungen und Luftverunreinigungen als jede andere Baumart, konnte sich nach den Eiszeiten nicht überallhin natürlich ausbreiten und erfordert in der Forstwirtschaft höchstes waldbauliches Können.

In Sachsens Wäldern gibt es heute nur noch etwa 1500 Altbäume über 60 Jahre (im 17. Jahrhundert hatte die Tanne dort einen Anteil von 30 Prozent an den Wäldern, 1955 gab es noch 60 000 Alttannen). Daher müssen die Förster bei der natürlichen Wiederausbreitung nachhelfen, was intensiv geschieht. Ideal für die Weiß-Tanne sind sogenannte Plenterwälder, in denen ein kleinsträumiger Wechsel von verschiedenen Baumarten (Tanne, Buche, Fichte und andere) sowie von jungen und älteren Baumgruppen auftritt. Dadurch entstehen sehr vielfältige Strukturen aus großen und kleinen, dicken und dünnen Bäumen. Und das mag die Tanne, in solchen Wäldern findet sie leichter ihre Nische.

Der Stamm des Altbaumes einer Weiß-Tanne im Gebirge weist Flechten- und Moosbewuchs auf.

Warten auf Licht

Die Weiß-Tanne ist eine Übergangs-Baumart. In der Jugend ist sie sehr tolerant gegenüber stärkerer Beschattung. Sie wächst dann sehr langsam, der Wipfeltrieb legt fast überhaupt nicht mehr zu. Sie kann somit ähnlich der Buche in »Wartestellung« verharren (in der Hoffnung auf mehr Licht) und einen bis zu über 100-jährigen »Schattenschlaf« halten. Die dabei entwickelten Schattennadeln sind an die geringe Helligkeit besonders gut angepasst.

Wenn schließlich einer der alten Nachbarbäume fällt (oder gefällt wird), erwacht der Nachwuchs und wird vom Licht aufgeweckt. Allerdings verträgt die Tanne keine plötzliche Freistellung, denn es müssen erst neue Lichtnadeln gebildet werden (die Schattennadeln verbrennen sonst regelrecht in der plötzlichen prallen Sonne). Dies muss man auch beim Verpflanzen beachten und muss außerdem die Himmelsrichtung beibehalten (mehr dazu unter Eibe).

Die Weiß-Tanne gehört zu den immergrünen Nadelbaum-Arten. Ihre Nadeln können etwa zehn Jahre alt werden, im Hochgebirge auch bis 14 Jahre. Das ist Rekord unter den heimischen Nadelbaum-Arten. Da die Weiß-Tanne empfindlich gegenüber Spätfrösten im Frühjahr ist, wartet sie manchmal bis Ende Mai mit dem Austreiben des Wipfeltriebes, der erst drei bis vier Wochen nach dem Seitenknospen erscheint.

Immergrüne Nadelbäume können in warmen Perioden auch im zeitigen Frühjahr und im Herbst Fotosynthese betreiben, wenn Laubbäume keine Blätter tragen. Darauf beruht ihr Konkurrenzvorteil in kühleren Regionen.

Die Weiß-Tanne wird stark vom Wild verbissen, worin eines ihrer Probleme gründet. Sie ist Lebensraum für viele Pilze, Insekten, Vögel und Kleinsäuger.

Harzfreies Holz

Das Holz der Weiß-Tanne ähnelt dem der Fichte und wird meist mit diesem ohne Unterscheidung verkauft. Es enthält allerdings kein Harz, was sich für viele Nutzungen als günstiger erweist. Es findet ähnlich wie Fichtenholz Verwendung als Bau- und Konstruktionsholz (etwa als tragendes Gebälk für Türme, Bauernhöfe und andere Gebäude sowie in Schiffen), für Innenausbauten, Dielenböden und Möbel, als Resonanzholz von Musikinstrumenten, für Dachschindeln, zur Zellstoff- und Spanplatten-Herstellung und neuerdings für Hightech-Produkte wie Thermoholz oder Superlamellen.

Weißtannen-Honig stellt eine ganz besondere Rarität dar, da die Tanne nicht regelmäßig »honigt«. Der Honig kostet dementsprechend mehr, duftet intensiv aromatisch nach Tannennadeln, kristallisiert sehr langsam und ist fast schwarz. Die Bezeichnung »Tannenhonig« darf in Deutschland nur für Honig von der Weiß-Tanne verwendet werden.

Weltweites Aufsehen erregte im Jahr 2000 die Atlantik-Überquerung des Abenteurers und Menschenrechtlers Rüdiger Nehberg auf einem 17 Meter langen, 350 Jahre alten Weißtannen-Stamm, den er mit Segeln und Auslegern bestückt hatte.

Das berühmt gewordene Dach der Expo-Weltausstellung in Hannover wurde aus 70 starken Weiß-Tannen hergestellt.

Bedroht durch die Ulmenkrankheit

An ihrer leiterartigen Verzweigung erkennt man Ulmen sogar vom Auto aus, wenn sie auf dem Mittelstreifen der Autobahn wachsen. Ulmen sind hoch aufragende Bäume mit dunkler Krone.

Da Ulmen bereits im März blühen, sind die Früchte schon Ende Mai reif und führen bereits vorher im April durch ihre ergrünenden Flügel zu grünen Kronen, obwohl die Blätter noch nicht ausgetrieben haben. Leider weisen viele Altbäume Absterbe-Symptome durch die Ulmenkrankheit auf und vor allem die Feld-Ulme verschwindet zunehmend aus der Landschaft und den Städten.

Die Feld-Ulme an einer monumentalen Burgruine veranschaulicht den Charakter der Ulmen mit aufstrebender großer Krone.

Die Berg-Ulme (*Ulmus glabra*) kommt entsprechend ihrem Namen vor allem im Hügel- und Bergland vor und ist dort einzeln oder in Gruppen in die Wälder eingemischt. Ihre Blätter sind meist mehrspitzig und oberseits sehr rau. Flatter- und Feld-Ulmen (*Ulmus laevis* und *U. minor*) treten vor allem entlang der Flussläufe in Auenwäldern auf. Die Feld-Ulme ist am seltensten, ihre Zweige weisen oft charakteristische Korkleisten auf. Die Flatter-Ulme zeigt als einzige der drei Arten am Stamm oft Brettwurzeln und viele Wasserreiser.

Eindrucksvolle Korkleisten verlaufen an einem Zweig der Feld-Ulme.

Die Ulmen gehören zur Familie der Ulmengewächse (und sind nahe verwandt mit Zürgelbaum und Zelkove). Die Berg-Ulme war Baum des Jahres 1992.

Strenges Verzweigungsmuster

Die markante leiterartige Verzweigung der Ulmen kommt durch eine sehr streng zweizeilige Blattstellung zustande: immer rechts-links-rechts-links ... Und wenn die Blätter so angeordnet sind, müssen die Seitenzweige genauso stehen, da sie immer aus den Knospen in den Blattstiel-Achseln entspringen. Der Austrieb der Ulmen erfolgt erst relativ spät, bisweilen sind dann schon die Früchte reif (siehe unten). Dies liegt auch an dem ringporigen Holz, da die Bäume im Frühjahr zunächst einen neuen Jahrring entwickeln müssen, bevor sie die neuen Blätter mit Wasser versorgen können.

Die Zweige (auch Wipfeltriebe) wachsen zunächst waagerecht und richten sich erst anschließend bei ausreichender Belichtung auf, was wie bei Linde und Buche als Zeichen für Schatten-Anpassung zu interpretieren ist.

Bei dieser leiterartigen Verzweigung kann es sich nur um eine Ulme handeln, hier die Flatter-Ulme.

Zwischen Feld- und Berg-Ulme gibt es eine Hybride (die Holländische Ulme, *Ulmus × hollandica*), die zwischen den Merkmalen beider Eltern steht und inzwischen am häufigsten gepflanzt wird.

Der Stamm der Flatter-Ulme kann sechs Meter (selten neun Meter) Umfang erreichen, dafür muss man eventuell oberhalb vorhandener Brettwurzeln messen. Die beiden anderen Ulmen-Arten bleiben mit vier bis sieben Meter (Berg-Ulme) und zwei bis drei Meter Stammumfang (Feld-Ulme) deutlich schlanker. Die Rinde entwickelt sich zu einer dunkelgrauen Netzborke. Ulmen werden schnell große Bäume von 30 bis 40 Meter Höhe, das Höchstalter liegt bei 150 bis 300 Jahren.

Charakteristisch für Ulmenblätter ist der schiefe (asymmetrische) Blattgrund: Auf einer Seite des Blattstiels reicht die Basis der Blattspreite meist viel länger herab als auf der anderen und ist bisweilen sogar öhrchenartig über den Blattstiel gebogen. Bei Windstärke 4 hört man im Sommer aus der Krone ein helles Rascheln. Die Herbstfärbung ist gelb bis orange.

Eine Unterscheidung der drei Ulmen-Arten gelingt (zusätzlich zu den anfangs genannten) anhand folgender Merkmale: Die Blätter der Flatter-Ulme weisen in der oberen Blatthälfte keine gegabelten Hauptnerven auf, wogegen dies bei Berg- und Feld-Ulme immer der Fall ist. Die Blätter der Berg-Ulme sind immer an einigen bis vielen Blättern dreispitzig, die

Reife grüne Fruchtflügel erwecken wie hier bei einer Holländischen Ulme im Mai den Eindruck von bereits erfolgtem Blattaustrieb.

der beiden anderen Ulmen haben nur eine Spitze. Die Blätter der Berg-Ulme sind oberseits so rau behaart, dass es sich wie Schleifpapier anhört, wenn man mit dem Finger darüber streicht.

Die Blütezeit liegt sehr früh, oft schon im März, allerdings sind die Blüten unauffällig, zwittrig und werden vom Wind bestäubt. Man erkennt von weitem nur viele Kügelchen in der Krone. Erst wenn sich die Früchte ebenfalls relativ früh (im Mai) bis zur Reife entwickeln, fallen diese auf, da sie von einem grünen Flügel umgeben sind. Dessen grüne Farbe macht deutlich, dass er Fotosynthese betreibt, damit ist die schnelle Fruchtreife schon vor dem Austreiben der Bäume zu erklären. Man mag denken, die Ulmen treiben aus, aber es sind »nur« die Früchte. Die Blüten und Früchte der Flatter-Ulme sind lang gestielt (daher ihr Name Flatter-Ulme), die der beiden anderen Ulmen nur kurzgestielt beziehungsweise sitzend.

An alten Flatter-Ulmen treten oft markante Brettwurzeln auf, das sind weit ausladende Wurzelanläufe zur Verbesserung der Standfestigkeit auf nassen Standorten. Diese Eigenschaft behält die Art auch auf trockenen Standorten (etwa im Park) bei. Zudem ist ihr Stamm oft von Wasserreisern (jungen Stammaustrieben) bedeckt, ohne dass dafür eine Krisensituation den Anlass gab.

Baum der Auen

Das Verbreitungsgebiet der Flatter-Ulme umfasst große Teile Mittel-, Süd- und Osteuropas. Die Feld-Ulme bleibt im Nordosten weiter zurück, wohingegen die Berg-Ulme weiter nach Nordwesten vordringt.

Die Flatter-Ulme ist ein wichtiger Auenbaum. Diese Art ist von der katastrophalen Ulmenkrankheit am wenigsten betroffen, sodass nicht einfach »die Ulmen« aussterben. Am stärksten leidet darunter die Feld-Ulme, daher sind Altbäume von ihr inzwischen tatsächlich selten geworden. Sie steht in der Roten Liste für Deutschland als gefährdet und ist in mehreren Bundesländern ebenso wie die Flatter-Ulme als (stark) gefährdet gelistet.

Die Flatter-Ulme findet sich schwerpunktmäßig in Auen größerer unregulierter Flüsse Mitteleuropas (aber wo gibt es die noch?). Auenwaldreste mit Ulmen existieren weiterhin an Oder, Elbe, Rhein und Donau, jedoch machen ihnen Flussbegradigung und -regulierung, Entwässerungs-Maßnahmen sowie die Ulmenkrankheit zu schaffen. Die Feld-Ulme kommt zusammen mit der Flatter-Ulme ebenfalls in den Hartholz-Auen größerer Flüsse vor, die Berg-Ulme in den Mittelgebirgen (daher ihr Name).

Ulmen sind Übergangs-Baumarten. In der Jugend sind sie relativ schattentolerant, was ihr Aufwachsen in Auenwäldern und alten Parkanlagen erleichtert. Viele Ulmen stehen (oder standen) an markanten Plätzen und Landmarken und bild(et)en dort eindrucksvolle Solitärbäume.

Die Ulmenkrankheit überwinden

Das harte Holz der Ulmen ist infolge der Ulmenkrankheit selten geworden, obwohl sein dunkelbrauner Kern für hohe Attraktivität und Wertschätzung sorgt. In Großbritannien ist es das traditionelle Sargholz.

Verwendung findet vor allem die Flatter-Ulme auch als Stadtbaum. In der »Ulmenhauptstadt Europas« Amsterdam stellen die Ulmen fast 90 Prozent der Straßenbäume. Dort hat man durch eine sehr wirksame Bekämpfungs-Strategie (nämlich Impfung) und Pflegemaßnahmen die

Ulmenkrankheit relativ gut im Griff – das macht Hoffnung. Andernorts setzt man vor allem auf resistente Sorten. Allerdings hat sich dabei in der Vergangenheit häufiger herausgestellt, dass sich vermeintlich resistente Sorten in höherem Alter als doch nicht resistent erwiesen haben – sie werden dann für den krankheitsübertragenden Ulmen-Splintkäfer anfällig. Der Absterbe-Prozess in Alleen kann rasant voranschreiten, unter anderem über Wurzelverwachsungen.

Die Innenrinde und Blätter der Ulmen wurden früher in der Heilkunde bei rheumatischen Krankheitsbildern sowie gegen Hautausschläge, Gicht, Durchfall und Abszesse verwendet. Dafür bereitete man Tee und führte Waschungen durch. Aus den Nusskernen wurde ein schmackhaftes Öl gepresst.

Wir können nur staunen, wie es die Auenwald-Baumart Flatter-Ulme schafft, in kleinen Vorgärten an Hauptverkehrsstraßen fernab eines Flusses zu überleben. Sie hat ein beeindruckendes Anpassungspotenzial, das sich mit den stark schwankenden natürlichen Verhältnissen des Wasserhaushaltes in der Aue begründen lässt: Ein Auenwaldbaum muss mit längeren Überflutungen ebenso wie mit langen extremen Austrocknungs-Perioden klarkommen.

Verehrte Bäume

Ulmen spielten wegen ihrer früher viel größeren Verbreitung und ihres markanten Wuchses seit dem Altertum eine Rolle in Mythologie und Brauchtum. Als Symbol der Trauer wurden bei den Griechen Ulmen in Totenhainen gepflanzt. Den Kelten war sie heilig, die Römer weihten sie dem Gott Merkur. In Skandinavien, dem Baltikum und Norddeutschland war die Ulme ein wichtiger Wächterbaum auf Bauernhöfen.

Wie sollen wir in Zukunft mit den Ulmen umgehen, wenn die Krankheit so ein hohes Risiko darstellt? Soll man ganz auf die Verwendung und Pflanzung verzichten? Letzteres wäre fatal, denn dann wird es in Zukunft noch weniger Ulmen geben. Ich empfehle entweder die Pflanzung von Flatter-Ulmen oder von vermeintlich resistenten Sorten, verbunden mit der Hoffnung, dass die Krankheit irgendwann an Bedeutung verlieren wird. Diese optimistische Sicht sollten wir nicht verlieren, denn auch viele andere Baumarten sind derzeit von schweren Krankheiten betroffen (siehe zum Beispiel Esche, Rosskastanie, Schwarz-Erle).

Echte Walnuss

Ausladender Schattenspender

Mit der silbrigen und in der Jugend hellen, glatten Rinde sehen die Echte Walnuss oder der Nussbaum edel aus und erhalten Charakter durch den oft krummen oder gebogenen Stamm.

Die Echte Walnuss (*Juglans regia*) hat einige Attraktionen zu bieten, allen voran die vielen kostbaren Früchte und das sehr wertvolle Holz. So wurde die Walnuss zum beliebten Hausbaum im ländlichen Raum – auch wegen ihrer relativ kurzen Belaubungszeit, denn ein Nussbaum bietet Schatten am Haus, im Hof oder Garten nur in den fünf Monaten, wenn man ihn braucht.

Charakterbaum der Walnuss als Hausbaum mit geschwungenem Stamm.

Typischerweise erscheinen am Nussbaum Wipfeltriebe in Vielzahl.

Die Walnuss gehört zur Familie der Walnussgewächse, zusammen mit den weiteren Gattungen Hickorynuss aus Nordamerika und der Flügelnuss aus Asien. Die Walnuss war Baum des Jahres 2008.

Aromatischer Geruch

Ähnlich wie beim Apfelbaum werden fast alle Nussbäume durch ihren kurzen knorrigen, oft schiefen oder gebogenen Stamm mit Löchern und Knollen zu Charakterbäumen. Beim genaueren Betrachten eines Nussbaumes (am besten ohne Blätter) fällt auf, dass ein dominanter Wipfeltrieb fehlt. Dies ist zwar bei vielen Laubbäumen ähnlich, aber beim Nussbaum mit 20 und mehr Wipfeltrieben besonders ausgeprägt.

Das Höhenwachstum kann in der Jugend einen Meter pro Jahr erreichen, die Walnuss kann daher mit anderen schnell wachsenden Baumarten mithalten. Ein wichtiges Merkmal von Nussbäumen ist das gekammerte Mark im Innern der Zweige. Man erkennt es, wenn man die jungen Triebe schräg anschneidet oder sie in der Mitte längs aufschlitzt.

Besonders im Winter fällt die silbrige Rinde auf, die in der Jugend fast weiß sein kann. Dagegen sind die ganz jungen Triebe dunkel-rotbraun und die alte Schuppenborke wird auch wieder dunkler. Dadurch entsteht ein markanter Farbkontrast in der Krone.

Die maximale Höhe eines Walnussbaumes beträgt 20 Meter (selten 25 bis 30 Meter), sein Höchstalter liegt bei etwa 150 Jahren, selten sind es mehr. Veredelte (gepfropfte) Bäume werden meist sogar nur 50 Jahre alt. Der Stammumfang kann drei bis vier Meter erreichen.

Die Blätter des Nussbaumes sind gefiedert, das heißt, an einer Blattspindel, dem verlängerten Blattstiel, sitzen fünf bis neun Fiederblättchen, die alle zusammen das 20 bis 40 Zentimeter große Blatt bilden. Junge Nussbaumblätter riechen intensiv aromatisch, wenn man sie zwischen den Fingerspitzen zerreibt. Der Geruch kommt von kleinen Duftdrüsen und scheint für die Schädlingsabwehr bedeutsam zu sein. Da im Herbst zusammen mit den Fiederblättchen auch die Blattspindeln abgeworfen werden, ist die Verzweigung der Walnuss sehr grob. Denn im Grunde genommen fehlt dadurch die feinste Verzweigungs-Ordnung. Die Blätter

Fast weiß sieht der Stamm einer Walnuss in jungem bis mittlerem Alter aus.

kann man daher als »Wegwerftriebe« bezeichnen. Bei Windstärke 4 hört man im Sommer aus der Krone ein dumpfes Rascheln. Die Herbstfärbung der Blätter ist unauffällig grünlich braun. Eindrucksvoll sind die großen Blattnarben mit einer grinsenden Fratze darin.

Die männlichen Blüten überwintern nackt in Kätzchen und sind deshalb vom Spätsommer bis zum Austreiben immer sichtbar, wenn auch noch kompakt. Dagegen erscheinen die unauffälligen weiblichen Blüten erst beim Austreiben mit den Blättern an den neuen Jahrestrieben. Die Bestäubung besorgt der Wind, daher kann der Nussbaum auf Schauapparate oder Nektardrüsen zum Anlocken von Insekten verzichten. Die ersten Blüten können schon an fünfjährigen Bäumen auftreten, in größerer Zahl ab dem Alter von zehn Jahren.

Vergessene Nüsse

In Bezug auf die Nüsse verhält es sich bei den im Sommer reifenden Früchten ein wenig kompliziert. Die dickfleischigen grünen Schalen platzen kurz vor der Reife im September oder Oktober auf und legen den »Kern« (die Walnuss) frei, bevor er herausfällt oder alles zusammen vom Baum fällt (man spricht von »Plumpsfrüchten«). Da die fleischige Schale nach neuen botanischen Untersuchungen nicht zur Frucht gehört, sondern aus anderen Organen (nämlich Blättern) entstanden und daher als

Fruchthülle zu bezeichnen ist, handelt es sich bei Walnüssen also tatsächlich um Nüsse mit einer harten Außenwand.

Am Hang kann die Frucht hinabrollen und wenn sie am Ufer in einen Fluss fällt, wird sie schwimmend weit fortgetragen. Eichhörnchen, Mäuse, Krähen und andere Tiere legen sich Verstecke mit Walnüssen an, die sie dann zum Teil vergessen – so säen sie Nüsse aus.

Bei dem, was man bei der Walnuss isst, handelt es sich um die beiden gefalteten, fleischigen Keimblätter des Embryos.

Die Keimung findet im folgenden Frühjahr statt. Dazu müssen die Früchte einige Zeit feucht und kalt gelegen haben, was ja in der Natur automatisch durch den Winter unter herabgefallenem Laub geschieht. Dann sprengt der schwellende Embryo die Schale an der Naht auseinander. Die Keimblätter entfalten sich bei der Keimung nicht, sondern bleiben wie bei Eiche und Kastanie auf dem Boden und werden vom Keimling beim Aufwachsen »ausgesogen«.

Ursprünglich waren die Nüsse ziemlich klein, nur zwei Zentimeter groß. Unsere Vorfahren haben aber schon seit Jahrtausenden Nussbäume auf größere Früchte hin ausgelesen und gezüchtet – ebenso wie Äpfel, Birnen und Maronen –, sodass wir die Ursprungsgröße kaum noch zu sehen bekommen und uns an die bis zu fünf Zentimeter großen Nüsse gewöhnt haben.

In den ersten Jahren entwickelt sich eine kräftige Pfahlwurzel, die sich als extrem empfindlich gegen Beschädigung zum Beispiel beim Verpflanzen erweist. Später nimmt das Wurzelwerk eine herzförmige Form an.

Spätfrost zerstört den Fruchtansatz

Die ursprüngliche Heimat des Nussbaumes befindet sich weit weg von hier in Südost-Europa auf der Balkan-Halbinsel und in Asien von der Türkei bis zum Himalaja. Schon vor mehreren Jahrtausenden, in der Jungsteinzeit, wussten die Menschen um den Wert des Nussbaumes. Vor allem zur Zeit der Griechen und Römer brachten sie ihn mit nach Süd- und Mitteleuropa, wo er heute in wärmebegünstigten Lagen problemlos wächst und regelmäßig reife Früchte trägt, die auch keimen. Vom Klimawandel wird die Walnuss also profitieren. Derzeit liegt ihre Höhengrenze in Mitteleuropa bei 1000 Meter. Die Walnuss ist wegen ihrer langen Einbürgerungs-Geschichte eine einheimische Baumart.

Bei uns findet man den Nussbaum im Grunde nur im ländlichen Siedlungsraum und in Weinbau-Gebieten (gepflanzt oder seltener verwildert), aber nicht im Wald, höchstens an Waldrändern oder gelegentlich einzeln

Walnüsse mit grüner Fruchthülle hängen neben gefiederten Blättern am Baum.

in Auenwäldern. Nennenswerte forstliche Bestände gibt es nur im Südwesten Deutschlands sowie in Frankreich und in der Schweiz.

Die Walnuss ist eine Übergangs-Baumart. Nussbäume ertragen nur in den ersten Jahren Halbschatten, danach werden sie sehr lichtbedürftig und müssen spätestens mit etwa zehn Jahren frei oder im lichten Bestand stehen, sonst gehen sie wieder ein. Verpflanztwerden mögen sie nicht. Ist es erforderlich, muss man auf einen großen Wurzelballen achten und möglichst die Pfahlwurzel intakt lassen, wenn das Umsetzen Erfolg haben soll.

Zu beachten ist die Frostempfindlichkeit des Nussbaumes, nicht so sehr gegenüber zu tiefen Winterfrösten (die verträgt er im Alter durchaus bis unter −20 °C), sondern vor allem gegenüber Spätfrösten im Frühjahr. Wenn die Bäume dann schon angefangen haben auszutreiben, frieren die jungen Sprosse ab. Daraufhin treiben zwar schlafende Knospen aus und reparieren den Schaden umgehend, aber die Blüte ist zerstört.

Die Ansprüche im Hinblick auf die Wasser- und Nährstoffversorgung sind als mittel zu bezeichnen, das heißt, der Boden sollte nur nicht extrem arm und trocken sein.

Welche Lebewesen den Nussbaum als Lebensraum oder für andere Zwecke nutzen, ist kaum untersucht. Einige Schmetterlinge leben als Raupen auf Walnussblättern und fressen daran. Pilze ernähren sich gerne vom Holz. Vor allem aber die Früchte sind sehr begehrt bei Eichhörnchen, Mäusen, Krähen sowie anderen Vögel und Kleinsäugern. Sie werden oft zu 100 Prozent verzehrt.

Wertvoll dank Holz und Nüssen

Das relativ schwere Holz weist einen breiten graubraunen Farbkern auf, der auch tief schwarzbraun sein oder wolkige Strukturen zeigen kann. Dadurch ist das Holz so gesucht und dies treibt den Preis so stark, dass man sogar die Äste verkaufen kann. Es handelt sich um eines der wertvollsten Hölzer. Will man die besonders geschätzten unteren Stammkröpfe von Veredlungen für Maserholz nutzen, werden die Bäume nicht abgesägt, sondern mit den Wurzelstöcken ausgegraben, was auch als »austopfen« bezeichnet wird und ziemlich ungewöhnlich aussieht (so etwas gibt es bei keiner anderen Baumart). Nussbaum ist das Holz der Künstler und eignet sich als Ersatz für hochwertiges Tropenholz wie Palisander. Es ist zu erwarten, dass mit schrumpfenden Tropenholz-Beständen seine Bedeutung weiter zunehmen wird.

Für Baumfreunde hat der Tag des Baumes am 25. April (der Markustag) eine besondere Bedeutung, denn er gilt als »Nusskillertag«. Wenn es an diesem Tag oder danach noch Frost gibt, fällt die diesjährige Nussernte aus.

Der Nussbaum spielt aber vor allem als Fruchtbaum eine bedeutsame Rolle. Er kann im Freistand bis zu 150 Kilogramm Nüsse in einem Jahr produzieren, das sind bis zu 5000 Nüsse. Die Walnuss gehört zusammen mit Haselnuss, Ess-Kastanie und Mandel zum sogenannten Schalenobst und fehlt auf keinem Weihnachtsteller. Erwerbsmäßiger Anbau wird in Weinbau-Klimaten Europas (sowie Asiens und Nordamerikas) seit rund 2000 Jahren betrieben. 40- bis 80-jährige Bäume tragen am besten, der Pflegeaufwand ist gering.

Walnüsse zeichnen sich durch ihre Inhaltsstoffe aus: Sie enthalten etwa 60 Prozent Fett, 20 Prozent Eiweiß, viele Vitamine sowie reichlich Mineralstoffe. Ganze Rezeptbücher befassen sich ausschließlich mit Walnüssen, die Möglichkeiten der Verwendung sind enorm vielfältig. Man kann zudem eines der hochwertigsten Öle aus den Nüssen herstellen. Aus den grünen Fruchthüllen, Blättern und der Rinde lassen sich Gerbstoffe, Beiz- und Färbemittel gewinnen. Walnussschalen-Extrakt wird für Bräunungscremes sowie für Haut- und Massageöle verwendet.

In der Heilkunde wurden Blattaufgüsse für Hautkrankheiten und Fußbäder verwendet. Die Innenrinde wurde zur Festigung des Zahnfleisches durch Massage genutzt.

Nüsse knacken

In der Mythologie hat sich die Walnuss als Hausbaum Freunde gemacht und galt als Schutzbaum vor bösen Geistern, Hexen und Blitzeinschlägen.

Über kaum eine andere Baumart gibt es so viele nicht-forstliche Bücher wie über den Nussbaum, da kommt (auf Italienisch) höchstens noch der Olivenbaum mit. Der deutsche Name Walnuss hat sich aus Welschnuss entwickelt, womit auf den Weg der Baumart nach Deutschland über Italien aus Frankreich hingedeutet wird: Die Gallier brachten sie im 8. Jahrhundert mit, die damals Welschen genannt wurden.

Walnussbäume vertreiben lästige Insekten wie Mücken und Fliegen von Haus und Hof, daher wurden und werden sie möglichst nah ans Haus gepflanzt. Mit grünen Walnussblättern hat man früher Ungeziefer aus Kleiderschränken und Betten ferngehalten.

Die Technik des Nüsseknackens beschäftigt die Menschen, seit sie Walnüsse essen. Es gibt die verschiedensten Möglichkeiten: die Schlag- beziehungsweise Stoßmethode, das Schraub-, das Bohr- und das Hebel- oder Zangenprinzip – für jede Variante wurden raffinierte Geräte ausgetüftelt. Nussknacker aus dem Erzgebirge sind im ganzen Land und im Ausland beliebt. Die Holzkünstler im Erzgebirge schaffen es außerdem, in halben Walnussschalen ganze Miniatur-Welten unterzubringen oder Mini-Pyramiden daraus zu bauen.

Die Walnuss ist der ideale und unübertroffene Hausbaum. Er kommt im Einzelstand am besten zur Geltung und wirft nur fünf Monate Schatten, da er relativ spät austreibt und schon früh die Blätter wieder abwirft.

Redewendungen wie diese kennt wohl jeder, sie kommen nicht von ungefähr:

- *»Faule Nüsse werden auch verkauft.«*
- *»Er hat eine harte Nuss zu knacken.«*
- *»Taube Nuss und hohler Zahn, junges Weib und alter Mann.«*
- *»Der muss keine Nüsse knacken, der hohle Zähne hat.«*
- *»Die schönste Nuss hat oft einen faulen Kern.«*
- *»Gott gibt die Nüsse, aber er knackt sie nicht.«*

Silber- und Sal-Weide

Pioniere am Wasserrand

Die beiden baumförmigen Weiden-Arten Silber- und Sal-Weide besitzen jeweils einen sehr unterschiedlichen, fast schon gegensätzlichen Charakter.

Die Silber-Weide (*Salix alba*) beeindruckt vor allem durch ihre silbergrauen Kronen, ihre schwingenden, hängenden Zweige und ihr frühes Erwachen im Frühjahr. Sie wächst sehr schnell zu großen Bäumen heran, oft steht sie an Teichen oder Fließgewässern. Weiden werfen Zweige als »Absprünge« ab und entlassen die reifen Samen bereits Ende Mai flauschig in die Luft.

Die kurzlebige Sal-Weide (*Salix caprea*) hingegen kommt als nur kleiner Baum mit steifen Ästen zwar auch an Gewässern vor, hat ihre Nische aber vor allem auf trockenen Standorten gefunden. Sie fällt durch ihre frühen, leuchtenden Kätzchenblüten im Spätwinter auf, und sie imponiert durch ihr Vorkommen auf trockensten Extremstandorten bis hin zu Mauerritzen. Die Besonderheiten der Sal-Weide werden kompakt am Ende dieses Abschnittes vorgestellt.

Die Weiden gehören gemeinsam mit den Pappeln zur Familie der Weidengewächse, für die eingeschlechtige Kätzchen charakteristisch sind. Das heißt, es gibt nur rein weibliche oder rein männliche Blütenstände. Zudem existieren auch am ganzen Baum bei dieser Familie entweder nur weibliche oder nur männliche Blüten. In der Botanik wird dies als Zweihäusigkeit bezeichnet. Als Konsequenz davon enthalten gute Weiden-Bücher drei Bestimmungsschlüssel: einen für männliche Bäume, einen für weibliche Bäume und einen nach vegetativen Merkmalen. Die Silber-Weide war Baum des Jahres 1999.

Silbrige Gestalten am Wasser

Von Weitem erkennt man eine Silber-Weide vor allem an ihrer silbrigen Behaarung, die blattunterseits und an den noch wachsenden Triebspitzen bis zum Herbst erhalten bleibt. Außerdem hat sie eine charakteristische

Charakter einer alten mehrstämmigen Silber-Weide mit Raureif.

Wuchsform: Der meist schiefe und dicke Stamm erreicht eine Länge von wenigen Metern, er ist oft tief beastet, löst sich erst allmählich auf und entwickelt mit steilen, überhängenden Ästen eine mächtige Krone. Da es nicht viele baumförmige Weiden-Arten bei uns gibt, kann man die Silber-Weide eigentlich nur mit der Knack-Weide und der Hybride zwischen beiden verwechseln. Dazu folgt unten mehr.

Weiden weisen nur eine einzige Knospenschuppe auf, wodurch sie sich eindeutig von allen anderen einheimischen Gehölz-Gattungen unterscheiden lassen. Die Knospen der Silber-Weide sind zudem seidig behaart und fast zweischneidig zusammengedrückt. Unter besonders günstigen Umständen werden sogenannte Nebenknospen beiderseits der Hauptknospe ausgebildet, um noch schneller auf alle Unwägbarkeiten reagieren zu können.

Die Zweige sind sehr weich und biegsam, hängen zumindest an der Spitze herab, bei Varietäten und Sorten der Silber-Weide dies sogar meterlang. Daher schwingen sie und damit die ganze Krone im Wind oft noch ausgeprägter als bei der Sand-Birke. Junge Zweige können sich sehr schnell bewurzeln, wenn sie im Wasser liegen oder stehen. Sie sind die am besten geeigneten Stecklinge.

Silber-Weiden werden 20 bis 30 Meter hoch, können ein Höchstalter von immerhin 200 Jahren und einen Stammumfang von sechs Meter (selten acht Meter) erreichen.

Die Silber-Weide kann ein bis zwei Meter lange Jahrestriebe entwickeln und wächst daher rasant zu großen Bäumen heran. Man kann sie deshalb meist noch als richtigen Baum erleben, wenn man sie selbst gepflanzt hat.

Den schraubig stehenden Blättern sieht man den natürlichen Standort an Gewässern sofort an: Sie sind lang und schmal wie ein Paddelboot, sodass sie sich im Wasser gut der Strömung anpassen können. Bei der Silber-Weide weisen die Blätter am Blattstielende und am gezähnten Blattrand Drüsen auf. Die silbrige (da abgestorbene) Behaarung stellt einen hervorragenden Verdunstungs- und Strahlungsschutz dar. Damit ist die Silber-Weide an zeitweilige Trockenheit und an die extreme Einstrahlung an Gewässerrändern angepasst. Bei Windstärke 4 hört man im Sommer aus der Krone ein leises helles Klappern. Die Herbstfärbung ist hellgrün bis fahlgelb.

Schwierige Bestimmung der Arten

Die Blüten der Silber-Weide sind wie bei allen Weiden-Arten extrem einfach aufgebaut. Es fehlt zum Beispiel die gesamte Blütenhülle (Kelch- und Kronblätter), sodass die etwa fünf Zentimeter langen Blütenkätzchen relativ unauffällig wirken. Da die Weiden aber für ihre Bestäubung Insekten anlocken müssen, versuchen einige Arten den Mangel durch auffällige Färbung der Staubbeutel auszugleichen. Dies gilt jedoch nicht für die Silber-Weide, denn sie blüht relativ unscheinbar im April/Mai erst mit dem Laubaustrieb. Die Kätzchen fallen daher erst bei genauerem Hinsehen auf. Die Blüten sondern aber Nektar ab, den die Insekten riechen können.

Der einfache Blütenaufbau (mit einem Fruchtknoten bei weiblichen und zwei Staubblättern bei männlichen Exemplaren) wird heute so interpretiert, dass die Weiden entwicklungsbiologisch nicht etwa als besonders ursprünglich einzuordnen sind, sondern gerade im Gegenteil als bes. onders jung. (Im Laufe der Evolution erfolgte eine immer stärkere Reduktion auffälliger Blüten-Bestandteile.)

Die sich rasch entwickelnden Früchte sind Kapseln, welche reif meist schon Ende Mai am Baum aufplatzen und die mit Flughaaren versehenen Samen entlassen. Diese sehen zu mehreren wie Watteknäuel aus und können wie Pappelsamen bis zu 50 Kilometer weit fliegen. Dies ist ein typisches Kennzeichen einer Pionier-Baumart, ebenso wie ihre große Zahl – es können Millionen sein. Wenn die Luftreise auf feuchten Stellen oder bei feuchter Witterung zu Ende geht, verkleben die Haare und der Same fällt aus dem Haarschopf heraus. Dann müssen sie innerhalb von zwei bis drei Tagen keimen, sonst geht die Keimfähigkeit verloren.

Die Weide entwickelt ein Herzwurzelsystem. Sie ist neben der Erle die einzige Baumgattung, die mit ihren Wurzeln unter die mittlere Grundwasserlinie geht, da sie ein besonderes Durchlüftungs-Gewebe durch den Stamm bis in ihre Wurzeln entwickelt. Sie bildet oft »Wurzelzöpfe« ins fließende Wasser aus. Aus diesem Grund findet man Weidenwurzeln auch häufiger in städtischen Abwasserrohren.

Die Weiden sind unter Botanikern nicht überall beliebt, da es sehr viele Arten gibt, die sich zudem besonders leicht untereinander kreuzen. Selbst Baumkenner und -spezialisten (Dendrologen) sind daher oft in der Bestimmung von Weiden nicht sicher. Außerdem gehen die Meinungen über die Zahl der Weiden-Arten weit auseinander, je nachdem wie eng man den Artbegriff fasst: Es dürften weltweit um die 500 sein. Es gibt sogar Botaniker, die sich ausschließlich mit den Weiden beschäftigen, die sogenannten Salicologen. Auch bei der Silber-Weide stellt man bei genauerer Prüfung fest: Was wie eine Silber-Weide aussieht, ist oft eine Kreuzung mit der Knack-Weide (*Salix fragilis*), genannt Fahl-Weide (*Salix × rubens*).

Schnell zur Stelle mit leichten Samen

Das natürliche Verbreitungsgebiet der Silber-Weide erstreckt sich über fast ganz Europa (bis nach Vorderasien und Nordafrika). Sie ist ein Baum der Tieflagen und steigt selten bis etwa 1000 Meter hoch. Gemeinsam mit Pappeln und Erlen ist sie der wichtigste Baum der sogenannten Weichholzaue am Mittel- und Unterlauf der Flüsse. Diese trägt ihren Namen wegen des weichen Holzes der beteiligten Baumarten und weist auf periodisch länger überflutete Bereiche mit stärkerer Strömungs-Belastung und Sedimentation hin. Hier gibt es im tiefsten Uferbereich die Pflanzengesellschaft des Silber-Weiden-Auenwaldes.

Ein silbernes Auenband zieht sich entlang von Flüssen mit Silber-Weiden in der Weichholzaue.

Beim Paddeln auf größeren, naturbelassenen Flüssen blickt man oft auf ein silbernes Band von großen Bäumen am Ufer. Eine wichtige Eigenschaft ist an diesen Standorten die relative Widerstandsfähigkeit gegen Rindenbeschädigung (durch Eisgang und durch vom Hochwasser transportierte Gegenstände).

Mit dem Beseitigen periodisch überschwemmter Auenwälder, mit dem Begradigen und Verrohren zahlloser kleiner Wasserläufe und dem Trockenlegen von Tümpeln wurde in den letzten Jahrzehnten die Silber-Weide als eine früher häufige, aber empfindliche und besonders schöne Baumart stark dezimiert.

Damit die Samen die weiten Flugdistanzen auf der Suche nach neuen Besiedlungsflächen überbrücken können, müssen sie extrem leicht sein. Das hat aber zur Folge, dass sie nicht wie zum Beispiel Eicheln größere Mengen an Reservestoffen enthalten, die über die erste Zeit nach der Keimung hinweghelfen können. Das Gegenteil trifft zu: Entweder können Weidensamen sofort nach der Landung keimen oder es ist vorbei.

Dies ist ein gewagtes Vorgehen, aber entscheidend für die Existenz von Weiden: Wenn im Verlauf von Flüssen (im naturnahen Zustand) ständig neue Uferbereiche und Inselchen entstehen, sind nämlich die Weiden, so auch die Silber-Weide, mit als erste zur Stelle und besiedeln diese Flächen oft zunächst im Reinbestand (sofern sie nicht von Verantwortlichen der Wasserwirtschaft wegen Behinderung der Schifffahrt beseitigt werden). Ähnliches gilt für die Verbreitungsbiologie vieler Pappeln.

Aktiver Abwurf von Zweigen

Weiden sind Licht- und Pionier-Baumarten, das heißt, sie benötigen viel Licht und lassen auch sehr viel Licht durch ihre Krone einfallen. Eine bemerkenswerte Eigenschaft hilft ihnen, dies zu erreichen: Sie werfen Zweige im Sommer als sogenannte Absprünge ab. Das sind belaubte Zweige mit grünen Blättern, die an einer eigens dafür entwickelten Trennzone in der Zweigbasis aktiv abgeworfen werden.

Baumweiden haben einen so hohen Lichtbedarf zum Aufwachsen, dass sie sogar unter sich selbst nicht wieder aufwachsen können. Das führt dazu, dass sie im Verlauf der weiteren Vegetations-Entwicklung von schattentoleranteren Baumarten verdrängt werden.

Bisweilen wird bei dieser Erscheinung eine Krankheit vermutet. Es handelt sich aber um einen Mechanismus, mit dem die Weiden zu große Beschattung ihrer eigenen Blätter verhindern und zudem für eine vegetative Ausbreitung sorgen: Die Absprünge fallen im Idealfall ins Wasser, werden fortgetrieben und weiter entfernt wieder ans Ufer gespült, wo sie sich bewurzeln können und so zur Ausbreitung der Art beitragen. Ähnliches gilt für Pappeln.

Weiden sind typische Pionier-Baumarten, die immer wieder neue Flächen zur Besiedelung benötigen. Deshalb kann man im Naturschutz einen Weidenbestand nicht einfach durch Nichtstun schützen: Er würde sein Ende selbst herbeiführen. Dazu trägt auch die nicht gerade hohe Lebenserwartung vieler Baumweiden bei, die oft deutlich unter 100 Jahre liegt. In dieser Hinsicht bildet die Silber-Weide eine wichtige Ausnahme mit ihrem Höchstalter und Stammdurchmesser. Die Pionier-Eigenschaften der Weiden führen auch dazu, dass sie Extremstandorte besiedeln und so für anspruchsvollere Gehölz-Arten vorbereiten können. Damit erfüllen sie eine äußerst wichtige Funktion. Sie leiteten auch nach den Eiszeiten die Wiederbewaldung ein.

Kopfweiden für die Korbflechterei

Genutzt wird von Weiden nur selten das hellgraue Holz, zum Beispiel für Werkzeugstiele, Kricketschläger, Prothesen oder Holzschuhe. Heute dient es wohl meist als Brennholz oder zur Papierherstellung. Häufiger werden die Zweige zum Flechten, zum Wildbach-Verbau oder zur schnellen Bepflanzung von Dämmen und Böschungen verwendet. In der Ingenieur-Biologie kann man sich drei Eigenschaften der Weide zunutze machen: die Biegsamkeit des Holzes, die Ausschlag-Freudigkeit nach Absägen und die hohe Fähigkeit von Stecklingen zur Bewurzelung. Beliebt und modern sind Weidenkuppeln aus abgeschnittenen Zweigen oder Sichtschutzwände aus dicken Ästen, die in die Erde gesteckt werden, sich dann bewurzeln und ergrünen.

Als Pionier-Baumarten wachsen Weiden rasch: Jahrestriebe von einem Meter und mehr sind nichts Ungewöhnliches (was nur noch von Pappeln übertroffen wird). Allerdings hält dieses intensive Wachstum nicht allzu lange an, sodass die Weiden trotzdem nicht höher als andere Bäume werden. Man macht – oder besser machte – sich diese Eigenschaft besonders bei der baumförmigen Silber-Weide zunutze, indem man sie in etwa zwei Meter Stammhöhe köpfte. Dann treibt sie dutzendfach an der Köpfungsstelle aus, und diese besonders intensiven Austriebe kann man vorzüglich für die Korbflechterei verwenden.

Das ist die Ursache für die noch hier und da verbliebenen Kopfweiden in der Landschaft, die heute allerdings kaum noch zum Körbeflechten, sondern vielerorts nur noch als landschaftsprägendes Element erhalten werden – sofern das nötige Geld dafür bereitgestellt wird. Unterbleibt die

Die Zweige einer Trauer-Weide hängen lang herab und schwingen im Wind.

Pflege (die mindestens alle zehn Jahre erforderlich ist), werden die vielen Austriebe bald so stark, dass der Baum früher oder später auseinanderbricht. Daher sind viele der Kopfweiden bereits aus der Landschaft verschwunden. (Oft standen sie vielleicht einfach irgendwo im Weg und wurden deshalb beseitigt.)

Die Blätter verwendete man früher zum Einfärben von Wolle mit leuchtenden Grüntönen.

Für ihre Verwendung in der Landschaft und der Stadt spricht auch die wunderbare frühe Verfärbung im Frühjahr, die besonders ausgeprägt ist bei der Dotter-Weide (*Salix alba* var. *vitellina*), einer Varietät der Silber-Weide: Sie färbt ihre Zweige ab Februar/März als erstes Frühjahrszeichen leuchtend gelb. Die Zweige einer weiteren Sorte, der Trauer-Weide ('Tristis'), hängen besonders lang herab und können im Alter mit ihrer mähnenartig schwingenden Krone eindrucksvolle Skulpturen formen.

Die Weide spielt bis heute in allen Naturheilverfahren eine wichtige Rolle. Weidenrinde ist der Klassiker unter den Schmerzmitteln, sie enthält das Salicin, das nach der Magen-Darm-Passage im Blut und in der Leber nach und nach und somit gut verträglich und ohne Nebenwirkungen in die wirksame Salicylsäure umgewandelt wird. Der Einsatz von natürlichem Weidenrinden-Extrakt entspricht dem Trend der Zeit.

Mythische Bäume

Die Weide spielt in der Mythologie und der Esoterik eine bedeutende Rolle. Stellen Sie sich vor, dass Sie an einem nebligen Novembermorgen eine fürchterliche Gestalt mit aufgedunsenem Kopf und wild zu Berge stehenden Haaren vor sich aus dem Nebel auftauchen sehen – um dann festzustellen, dass es keine Hexe, sondern eine Kopfweide ist. Weiden wurden in verschiedenen Kulturen mit dem Tod in Verbindung gebracht, da sie oft an Gewässern standen, in denen Menschen ertrunken sind. Andererseits können über das Wasser hängende Weidenzweige lebensrettend sein; sie symbolisieren daher auch Überleben und Wiedergeburt.

Der Name Weide geht auf eine indogermanische Wurzel mit der Bedeutung »biegsam« zurück, womit die Zweige gemeint sind.

Weit verbreitete Sal-Weide

Die »kleine Schwester« Sal-Weide unterscheidet sich grundlegend von der viel größeren Silber-Weide, zum Teil hat sie sogar gegensätzliche Eigenschaften. Im Wuchs bleibt sie klein, die Zweige sind starr. Die Lebensdauer beträgt höchstens 60 Jahre, sie gehört folglich zu den schnelllebigen Baumarten. Die Blattform ist breit eiförmig, auf der Blattunterseite trägt sie einen dichten hellen Haarfilz. Außerhalb der Auen besiedelt sie meist besonders trockene Standorte und sogar Schuttplätze und Fassadenritzen.

Sehr früh, noch vor dem Blattaustrieb, blüht die Sal-Weide. Die Blüten sind attraktiv für Bienen, Hummeln und Schmetterlinge.

Nicht nur Imker freuen sich sehr über die besonders frühe Blüte im März. In der Pflanzenverwendung ist die Sal-Weide wegen ihrer großen und auffälligen Kätzchen beliebt, das gilt vor allem für die männlichen Bäume. Die Sal-Weide ist an vielen Stellen die häufigste Weiden-Art, auch in der Stadt.

Langlebige Baumarten

Die langlebigen Baumarten können ein Höchstalter von über 400 Jahren erreichen. Einzelne Exemplare werden sogar über 1000 Jahre alt. Sie müssen also über lange Zeiträume alle Veränderungen tolerieren. Durch ihre lange Lebensdauer entwickeln sich diese Bäume häufig zu sehr eindrucksvollen Lebewesen, zum Teil zu regelrechten Skulpturen. Sie stellen daher den höchsten Anteil unter den Baum-Naturdenkmalen. Wir sollten uns der Verantwortung für solche alten Bäume bewusst werden und alles daran zu setzen, sie der Nachwelt zu erhalten.

Europäische Eibe

Mächtiges Symbol der Ewigkeit

Auffallend an der Eibe sind ihre immergrüne dunkle und oft dichte Krone mit leuchtend roten Samen, ihre rötliche Borke am wulstigen, kehligen Stamm und ihre individuelle Wuchsform.

Ältere Eiben (*Taxus baccata*) wirken oft monumental und sind ideale und beliebte Bäume zur Betonung von Kultstätten. Die Eibe bildet meist mehrstämmige Kronen und kann 2000 Jahre alt werden.

Viele englische Kirchen aus dem Mittelalter ziert eine sehr alte Eibe mächtiger Gestalt. Den Kelten galt sie als heiliger Baum, den Germanen als Sinnbild für die Ewigkeit. Beeindruckend ist zudem ihre enorme Schattentoleranz, sodass sie unter allen anderen Baumarten wachsen kann. Wildexemplare sind so selten, dass Eiben als eine von nur wenigen Baumarten bei uns nach der Bundesartenschutz-Verordnung streng geschützt sind.

Die Eibe gehört zur Familie der Eibengewächse und ist zum Baum des Jahres 1994 ernannt worden.

Nadelbaum mit roten, weichen »Beeren«

Besonderen Zierwert hat bei der Eibe die Borke. Sie kann bisweilen prächtig aussehen durch die unterschiedlich rot und braun getönten Schuppen mit sehr verschiedenartiger Form und Größe (Schuppenborke). Sie bilden damit einen schönen Kontrast zur dunklen Krone am oft gebogenen oder schiefen Stamm mit Wülsten und Kehlen sowie eindrucksvollen Wurzelanläufen. Die Eibe treibt im Gegensatz zu vielen anderen Nadelbäumen wie zum Beispiel Fichte und Kiefer sehr gut aus dem Stock wieder aus.

Eiben erreichen ein Höchstalter von 500 bis 1000 Jahren (selten bis 2000 Jahre). Die maximalen Stammumfänge betragen drei bis vier Meter

Charakter der Eibe mit dunkler immergrüner Krone und schiefem Stamm auf einem Kirchhof.

(selten über zehn Meter) bei einer Baumhöhe von 15 Meter (selten 20 bis 25 Meter). Der älteste Baum Deutschlands könnte die Eibe von Balderschwang in Bayern sein, der man ihr hohes Alter von um die 1000 Jahre allerdings nicht auf Anhieb ansieht, da sie nur einen Stammumfang von etwa zweieinhalb Meter aufweist und inzwischen aus mehreren vollkommen getrennten Stammteilen besteht.

Die Eibe ist ein Nadelbaum, der aber ähnlich dem Ginkgo keine Zapfen trägt, sondern leuchtend rote, fleischige »Beeren«. Seine dunkelgrünen weichen Nadeln bleiben etwa acht Jahre am Zweig und sind besonders ausgeprägt an Sonne oder Schatten angepasst. Dies hat zur Folge, dass man beim Verpflanzen älterer Eiben die Himmelsrichtung der Kronenseiten einhalten sollte, damit sich die Schattennadeln weiterhin nach Norden und die Sonnennadeln nach Süden orientieren. (Dies gelingt mit Hilfe einer Markierung zum Beispiel an der Nordseite.) Unterbleibt dies, kann es zum Nadelsterben und im Extremfall sogar zum Absterben des Baumes führen, was auch bei plötzlicher Freistellung aus dem Schatten der Fall sein kann. Bei Windstärke 4 hört man aus der Krone ein gleichmäßiges helles Säuseln.

Die sehr alte Eibe besitzt einen markanten Wurzelanlauf.

Die Eibe ist zweihäusig, das heißt, es gibt nur eingeschlechtige Blüten auf einem Baum und demzufolge auch nur Eiben-Männer oder -Frauen. Die roten Samen an den weiblichen Bäumen entwickeln sich daher nur, wenn eine männliche Eibe höchstens einen Kilometer weit entfernt steht.

Die Blüten erscheinen ab einem Baumalter von etwa 50 Jahren zeitig im Frühjahr, das Stäuben der männlichen Pflanzen fällt oft schon im März auf. Der Pollen wird dabei weithin vom Wind verfrachtet und von einem Flüssigkeitstropfen an den hellrosa weiblichen Blütenorganen aufgefangen. Aufregend sieht das zum richtigen Blütezeitpunkt und zur richtigen Tageszeit (vormittags) aus, wenn diese Tropfen in der Sonne glitzern.

Im Spätsommer schmücken rote Samenmäntel zwischen immergrünen Nadeln.

Die Verbreitung der Samen ist wegen des wohlschmeckenden und leuchtend rot gefärbten Samenmantels gesichert. Amseln, Drosseln und auch Kleinsäuger fressen ihn und scheiden den holzigen Samen unverdaut und keimfähig wieder aus. Eiben in Mauerritzen müssen vorher durch einen Vogel- oder Mäusedarm »gewandert« sein, sonst wären sie dort nicht hingelangt.

Verdrängt wegen der Giftigkeit

Das natürliche Verbreitungsgebiet der Eibe erstreckt sich über fast ganz Europa, außer dem äußersten Norden, Süden und Osten. Der Schwerpunkt der Verbreitung befindet sich im atlantisch beeinflussten Nordwesten, im Südosten kommt sie eher in den (Mittel-)Gebirgen vor. Die Eibe meidet Gebiete mit strengen Wintern, sie ist aber bis −20 °C frosthart. In Deutschland kann die Art fast überall gepflanzt werden. Seit 600 000 Jahren ist sie in unserem Raum nachgewiesen und hat große kulturelle Bedeutung erlangt.

Die Eibe spielt eine sehr spezielle Rolle in unseren Wäldern, da sie zwar sehr alt werden kann, aber meist nur etwa 15 Meter hoch wächst. Aufgrund ihres langsamen Höhenwachstums von nur etwa 25 Zentimeter pro Jahr wird sie regelmäßig von anderen Baumarten überwachsen und muss sich daher im Unterstand dauerhaft mit dem Bestandsschatten zufrieden geben. Von Natur aus kommt die Eibe häufiger nur an Steilhängen und trockenen Kuppen vor, wo die Konkurrenzkraft anderer Baumarten nachlässt und das Wild nicht an die Jungbäume herankommt.

Die Eibe ist eine sogenannte Dauer-Baumart, das heißt, sie wächst relativ unbeeinflusst von Konkurrenten langsam, aber stetig vor sich hin. Sie hat keine Probleme mit Beschattung aufgrund ihrer hohen Schattentoleranz. Nur wenige andere Baumarten (Buche, Weiß-Tanne) können in dieser Hinsicht mithalten. Dies geht bei der Eibe sogar so weit, dass sie sich mit ihrem Schattendasein arrangiert hat und auf vermehrte Lichtzufuhr kaum reagiert. Im Freistand wächst sie nicht schneller als im Schatten.

Die heute noch bestehenden wilden Eiben-Bestände stehen alle unter Naturschutz. Dort drängt man die Buchen etwas zurück und schützt die Eiben vor Wildverbiss und Holzverwertung durch Menschen.

Die genauen Ursachen dieses merkwürdigen Verhaltens sind noch weitgehend ungeklärt. Es könnte mit dem Wassertransport zusammenhängen, der bei Besonnung schneller verlaufen müsste, damit die Nadeln ausreichend transpirieren können, aber offensichtlich klappt dies nicht so richtig. Wir erforschen am Institut die Fragestellung derzeit in einem Naturschutz-Projekt an Eibe und Stechpalme, welche sich ähnlich verhält.

Die Giftigkeit des Baumes insbesondere für Pferde und uns Menschen erwies sich als überaus nachteilig: Entlang von Wegen wurde die Eibe ausgerottet, damit man seinen Pferdewagen nicht irgendwann selbst weiterziehen musste, wenn die Pferde unbemerkt Eibenzweige genascht hatten und daran verendeten. Auch von verendeten Emus, nachdem sie Eiben gefressen hatten, hat man schon gehört.

Essbarer Samenmantel

Das wertvolle Eibenholz ist jahrhundertelang hemmungslos genutzt worden. 1560 exportierte Nürnberg 36 000 Eiben nach Westen. Schon unter Kaiser Maximilian gab es daher Schonzeiten für die Eibe. Das Holz ist harzfrei und dauerhafter als das der Eiche, erst recht aber elastischer. Deshalb wurde es früher (und wird auch noch heute) für den Bogenbau genutzt. Vor allem England hatte früher einen enormen Bedarf an Bögen. (Der älteste gefundene Speer eines Neandertalers bestand aus Eibenholz.)

Der immergrüne Eibenbestand wächst als zweite Baumschicht im Wald.

Nachteilig ist allenfalls ihre Giftigkeit, die in allen Teilen außer dem roten Samenmantel (Arillus) gegeben ist. Die kritische Menge von 100 Gramm der giftigen Nadeln wird aber wohl kein normaler Mensch essen. Wiederkäuer (Rehe, Hirsche, Ziegen und Rinder) sind dagegen immun, sie schätzen die Eibe sogar als ausgesprochenen Leckerbissen. Aus den ungiftigen roten Samenmänteln lässt sich vorzügliches Gelee als Brotaufstrich herstellen. In Gärten von Einrichtungen für Kinder sollte man aber auf die Pflanzung von weiblichen Eiben verzichten.

Wie immer in der Heilkunde ist die Giftigkeit auch bei der Eibe eine Frage der Anwendung und Dosierung. Nadel-Extrakte bewähren sich nämlich in der Krebsbekämpfung, weshalb man Eiben auch in Plantagen kultiviert und schneidet. Die Eibe betrachten manche daher sogar als Heilmittel der Zukunft. Außerdem ist die Gehölzart aufgrund ihrer Schnittverträglichkeit eine sehr beliebte Heckenpflanze, die langsam und dicht wächst. Man kann die Eibe hervorragend zu interessanten Formen schneiden, zum Beispiel als Kugeln, Kegel und Tiersilhouetten.

Die oft beschriebene große kulturelle und mythologische Bedeutung der Eibe dürfte ihre Ursache in ihrem Erscheinungsbild mit der dunklen Krone und ihrem hohen Alter haben. Den meisten Kulturen, auch den Germanen, war sie heilig. Die immergrünen Nadeln symbolisieren das ewige Leben. Im Mittelalter pflanzte man Eiben gerne auf Leichenfeldern, heute auf Friedhöfen.

Stiel- und Trauben-Eiche

Inbegriff von Knorrigkeit

Bei Eichen denken die meisten vor allem an uralte dicke Bäume mit knorrigem Stamm und vielen Totästen. Das hohe Alter vieler Eichen weckt Ehrfurcht.

Eichen werden mit zunehmendem Alter immer mehr zu lebenden Skulpturen. So sind auch besonders viele Baum-Naturdenkmale alte Eichen. Am besten entfalten sie ihre Wirkung im Einzelstand. In echten mitteleuropäischen Urwäldern fehlen sie allerdings, da sie im Alter eine voll besonnte Krone benötigen und bei Beschattung eingehen. Ihre lichten Kronen ermöglichen sehr vielen Tierarten und Arten der Bodenvegetation

Charakter einer sehr alten Stiel-Eiche mit Knollen, Löchern und schiefem Stamm.

einen idealen Lebensraum, sodass alte Eichen unter Naturschutzaspekten besonders wertvoll sind.

Das Blatt und die Früchte sind gut bekannt, die Unterscheidung von Stiel-Eiche (*Quercus robur*) und Trauben-Eiche (*Quercus petraea*) macht allerdings seit Jahrhunderten Schwierigkeiten und ist Gegenstand anhaltender Diskussionen, sodass beide hier gemeinsam behandelt werden.

Die Eichen gehören zur Familie der Buchengewächse, sind also nah mit Buchen und Ess-Kastanien verwandt; alle drei Gattungen haben einen Fruchtbecher mit Nüssen darin. Die Stiel-Eiche war 1989 Baum des Jahres, die Trauben-Eiche 2014.

Charakteristische Blätter und Früchte

Wie lassen sich Trauben- und Stiel-Eiche unterscheiden? Die Baumfachleute (Dendrologen) sind sich darin einig, dass dafür ein einziges Merkmal nicht genügt. Man benötigt vielmehr mindestens drei Merkmale, aber darüber, welche drei das sind, gehen die Meinungen wieder auseinander. Die Tabelle geht vom aktuellen Stand der Forschungen aus.

Wird ein Baum beziehungsweise werden seine Blätter nach diesen Eigenschaften geprüft, kann es immer nur 3:0 oder 2:1 für Stiel- oder Trauben-Eiche stehen und nie unentschieden ausgehen. Ganz zufrieden können wir natürlich damit nicht sein, wenn zur Unterscheidung von Baumarten mindestens drei Merkmale (die ersten drei Zeilen in der folgenden Tabelle) nötig sind.

Unterscheidung von Stiel- und Trauben-Eiche

	Trauben-Eiche	**Stiel-Eiche**
Haben die Blätter Buchtennerven? (Das sind Hauptseitennerven, die in die Buchten zwischen den Blattlappen führen.)	nein	ja
Haben die Blätter unterseits Büschelhaare entlang der Hauptnerven? (Am besten mit einer Lupe nachsehen.)	ja	nein
Ist der Blattstiel über einen Zentimeter lang?	ja	nein
Sind die Früchte über zwei Zentimeter lang gestielt und am Stiel verteilt? (Bei der Trauben-Eiche sind sie fast ungestielt und traubenartig zusammengedrängt.)	nein	ja

Findet man auch Früchte, ist das Kriterium in der vierten Tabellenzeile hilfreich. Früchte sieht man bei älteren Bäumen fast immer, da sie entweder noch unreif oder reif am Baum hängen oder vom letzten Herbst auf dem Boden darunter liegen. Womöglich geht dann die Abfrage 2 : 2 aus und es könnte sich um eine Hybride zwischen beiden Eichen-Arten handeln (mehr dazu weiter unten).

Die beiden Eichen haben ihre deutschen Namen Stiel- und Trauben-Eiche also von der Frucht, nicht vom Blatt. Das ist wichtig zu wissen, denn die Trauben-Eiche hat lang gestielte Blätter.

Die Wuchsform von alten Stiel- und Trauben-Eichen unterscheidet sich kaum. Beide beeindrucken im Alter durch eine mächtige breite Krone (zumindest wenn sie freistehen) mit bizarr wachsenden, dicken Ästen. Die Trauben-Eiche neigt etwas mehr zum geraden durchgehenden Stamm, weshalb sie in der Forstwirtschaft beliebter ist, denn dort geht es ja vor allem um die Stammqualität.

Die Rinde ist eine Schuppenborke, die in langen viereckigen Strukturen aufreißt. Sie kann in hohem Alter fünf Zentimeter dick werden und dann auch eine Netzborke bilden. Die Narben früherer Äste können zu eindrucksvollen Rindenbildern führen, sogenannten Eichenrosen (Foto Seite 19).

Charakteristisch für ihr hohes Alter zeigt die einzeln stehende alte Stiel-Eiche einen Kronenrückbau (siehe Lebensstadium VI auf Seite 27).

Die älteste und dickste Trauben-Eiche Europas ist die »Queen Elizabeth I Oak« in England.

Stiel- und Trauben-Eichen können Baumhöhen von 30 Meter (selten 40 Meter) erreichen, die dicksten Bäume hierzulande haben Stammumfänge von sechs bis acht Meter (selten sind es zehn bis zwölf Meter). Das Höchstalter liegt bei 400 bis 600 Jahren (selten werden 1000 Jahre erreicht). Viele der in Baumbüchern genannten besonders dicken Trauben-Eichen entpuppen sich bei genauem Hinsehen als Stiel-Eichen. Das belegt schon wieder, dass die Unterscheidung selbst Experten Probleme bereitet. Von acht Naturdenkmal-Trauben-Eichen, die ich selbst in Augenschein genommen hatte, erwiesen sich sechs als Stiel-Eichen.

Die mit 14 Meter Stammumfang wohl dickste Eiche Europas steht in England und dürfte weit über 1000 Jahre alt sein. Es ist der als Nationalerbe eingestufte Baum »Queen Elizabeth I Oak« in Sussex mit hohlem Stamm, in den ein Tisch zusammen mit zehn Stühlen passt. Hier wird deutlich, was der Spruch bedeutet: »Eichen kommen 300 Jahre, stehen 300 Jahre und vergehen 300 Jahre.« An alten hohlen Eichen bemerkt man übrigens im Wind bei genauem Hinhören aus ihren Ast- und Stammlöchern ganz besondere individuelle Zischlaute und Pfeiftöne. Bei Windstärke 4 hört man im Sommer aus der Krone ein klackerndes Rascheln.

Die Herbstfärbung der Trauben-Eiche dauert bis in den November.

Johannistriebe im Juni

Bei der Eiche gibt es wie bei Pappeln und Weiden sogenannte Absprünge: Die Bäume werfen im Sommer ganze Zweige mit grünen Blättern ab, um die Verdunstungsfläche zu reduzieren, wenn es zu trocken wird. Das macht dann gelegentlich (wenn es massiv auftritt) den Eindruck einer Krankheit, ist aber eine Art Schutzreflex. Das untere Ende dieser Absprünge sieht einem Gelenk ähnlich. Bei genauem Hinsehen erkennt man die glatte Narbe an der abgeworfenen Triebbasis.

Bei Eichen treten regelmäßig auch in höherem Alter Johannistriebe auf. Sie werden so bezeichnet, weil um den Johannistag (24. Juni) herum ein zweiter Austrieb beginnt, sofern die Bäume gut belichtet stehen und kein Wassermangel herrscht. Johannistriebe können bei den Eichen genauso lang werden wie die Frühjahrstriebe.

Die dunkelgrünen Blätter von Stiel- und Trauben-Eiche haben beiderseits des Hauptnervs vier bis sieben abgerundete Lappen. Die Herbstfärbung ist sehr vielfältig, es kommen zunächst im Oktober Gelb- und Gelbgrüntöne vor, dann folgen gelbbraune und schließlich braune Töne. Dies kann sich erfreulich lange hinziehen, sodass die Eichen noch Farbe in die Wälder, in Stadt und Landschaft bringen, wenn im November viele andere Baumarten bereits kahl sind. Die Blätter bleiben teilweise, bei jüngeren Bäumen auch alle, den Winter über braun bis graubraun in der Krone hängen, weil die Trennungszone im Blattstiel nicht mehr rechtzeitig vor dem ersten Frost aktiviert wurde. Im Herbst riecht es in Wäldern mit Eichen charakteristisch herb nach Eichenlaub.

Die windbestäubten Blüten sind sehr unauffällig, sie erscheinen erst mit 20 bis 40 Jahren und sind nur bei genauem Hinsehen zu erkennen. Und selbst dann sieht man meist nur die männlichen Kätzchen, da die weiblichen Blüten am Ende der gerade austreibenden Zweige zunächst zwischen den sich entfaltenden Blättchen verborgen sind. Das ändert sich aber, wenn anschließend die Früchte, die allseits bekannten Eicheln, daraus reifen. Diese sitzen in einem Fruchtbecher, der ein Drittel der Frucht umschließt.

Die Frucht ist eine Nuss, da die äußere Fruchtwand hart ist, wenn auch nicht so hart wie bei der Hasel- oder Walnuss. Die Eicheln fallen ab Oktober reif aus den Kronen. Eichen entwickeln alle drei bis fünf Jahre besonders viele Früchte gleichzeitig an allen Bäumen, man spricht dabei von Eichenmast.

Bei der Keimung im folgenden Frühjahr bleiben die beiden Keimblätter des Samens wie bei den meisten großfrüchtigen Arten unentfaltet am Boden liegen, ihre Speicherstoffe werden für das Aufwachsen des Keimlings verbraucht. Gelegentlich findet man weißblättrige Eichensämlinge, die wegen eines Blattdefektes keine Fotosynthese betreiben können und daher die Inhaltsstoffe der Keimblätter benötigen, um wenigstens so lange zu überleben, bis diese Nährstoffe verbraucht sind. Das ist aber erst im Folgejahr der Fall: Diese Sämlinge werden über ein Jahr alt, erst dann sterben sie ab.

Eichen sind als Pfahlwurzler bekannt, das heißt, es entwickelt sich über lange Zeit eine steil nach unten wachsende Hauptwurzel. Die Bäume sind daher hervorragend verankert und sehr sturmfest. Die Wurzel erreicht Tiefen von zwei bis fünf Meter, selten auch mehr.

Trockenheitsverträglich, aber später lichtbedürftig

Die natürlichen Verbreitungsgebiete von Stiel- und Trauben-Eiche erstrecken sich über fast ganz Europa mit Ausnahme von Spanien und Nordskandinavien, das der Stiel-Eiche reicht deutlich weiter nach Nordosten.

Die Standorte der Trauben-Eiche sind tendenziell trockener und nährstoffärmer als die der Stiel-Eiche. Doch in naturnahen Beständen kommen beide Eichen oft miteinander und nicht selten auch auf den Standorten der jeweils anderen Eiche vor. Eichen auf Sand sind häufiger Trauben-Eichen. Als Sahne der deutschen Forstwirtschaft gelten die Spessart-Eichen – Trauben-Eichen im Spessart mit besonders guten Wuchsleistungen und Stammqualitäten.

Beide Eichen sind Übergangs-Baumarten. Sie sind in der Jugend nur wenige Jahre schattentolerant, dann nimmt ihr Lichtbedarf sehr schnell zu, sodass sie in dichteren Beständen schattiger Baumarten bald eingehen. Auch auf seitliche Bedrängung durch Nachbarbäume reagieren sie empfindlich. Es handelt sich deshalb um Licht-Baumarten. Daher erfordert es in der Forstwirtschaft waldbauliches Können, wenn die Eichen bis zur Ernte im Mischbestand mit anderen Baumarten 200 Jahre lang erhalten bleiben sollen.

Mit zeitweiliger Trockenheit kommen Eichen gut klar. Empfindlich sind sie allerdings, wenn an ihrem Standort ein zuvor relativ gleich bleibender Grundwasserspiegel in kürzerer Zeit absinkt oder ansteigt (dazu gibt es gerade in der jüngeren Vergangenheit eindrucksvolle Beispiele). Dann sterben die Tiefenwurzeln ab, auch die Pfahlwurzel, die Bäume können umfallen oder absterben.

Abgestorbene Äste und Kronenteile bleiben meist jahrzehntelang in der Krone hängen, nach ihrem Herabfallen liegen sie nochmals ebenso lange unter dem Baum, da sie so langsam verrotten. Tote Eichen-Torsos können bis zu 100 Jahre stehen bleiben.

Die Kronen sind im Vergleich zur Buche relativ licht, was vielen anderen Pflanzen-Arten (Kräutern, Sträuchern und Jungbäumen) am Waldboden unter Eichen das Überleben erleichtert. Eichen werden auch als Tierheim der Natur bezeichnet. Beachtenswerte Bewohner sind zum Beispiel der mit Fühlern über zehn Zentimeter lange Große Eichen-Bockkäfer und der ebenfalls sehr seltene Eremit: Wohl keine andere Baumart bietet Lebensraum für so viele Tierarten, alleine Insekten-Arten sollen es über 500 sein, und von denen ernähren sich ja wiederum Vögel und Kleinsäuger.

Die Früchte sind sehr nahrhaft und für viele Tierarten attraktiv. Am Baum fressen Vögel die Eicheln (zum Beispiel der Eichelhäher). Eicheln auf dem Boden frisst das Wild (früher auch in den Wald getriebene Haustiere). Die werden dabei bis zu einige Kilometer weit vom Mutterbaum verbreitet, nicht alle Eichelverstecke werden wieder aufgefunden. »Auf den Eichen wachsen die besten Schinken«, sagen Kenner heute noch, da Wildschweine besonders gerne und viele Eicheln fressen.

Ebenso wachsen viele Pilze an Eichen, zum Beispiel hochwertige Speisepilze wie Sommer-Steinpilz, Kaiserling und Eichen-Rotkappe. In Süddeutschland kann man unter Trauben-Eichen auch echte Trüffel finden oder züchten (die muss aber ein trainierter Hund erschnüffeln).

Der Naturbestand der Trauben-Eiche auf einem Felsen wurde im November aufgenommen.

Beständiges Bauholz

Bei der Nutzung der Eichen steht ganz klar das Holz im Mittelpunkt. Jenes von Stiel- und Trauben-Eiche lässt sich nicht unterscheiden. Eiche ist eine der schwersten Hauptholz-Arten unseres Landes, es wiegt (getrocknet) doppelt so viel wie zum Beispiel Weidenholz. Es heißt ringporig, weil jeder Jahrring mit den großen ringförmig angeordneten Frühjahrsgefäßen für die Wasserleitung beginnt, sodass man die Jahrringe auf einem Ast- oder Stammquerschnitt schon mit bloßem Auge erkennt. Außerdem sieht man auf dem Querschnitt eines Astes oder Stammes im Inneren gut den breiten rötlich bis dunkelbraunen Kern und drumherum den schmalen hellbraunen Splint, der für die Wasser-Leitung und -Speicherung zuständig ist. Im Kern sind fäulnishemmende Stoffe eingelagert, die das harte Holz sehr dauerhaft machen.

Eichenholz war früher zum Beispiel für den Schiffsbau und für Fachwerkhäuser so begehrt, dass in England und anderen seefahrenden Nationen die Eichen bis ins 18./19. Jahrhundert immer mehr dezimiert wurden. Bis man merkte, dass es ohne nachhaltige Nutzung nicht mehr weitergehen kann. Für ein einziges Kriegsschiff benötigte man damals mindestens 1200 alte Eichen, dafür wurden auch Äste und besonders Stammbiegungen genutzt.

In bewirtschafteten Beständen braucht man unter den Eichenkronen eine »dienende« Baumart (Hainbuche, Linde oder Buche), die den Stamm beschattet und dadurch die Astbildung verhindert, damit die Stammholzqualität besser wird. Die unteren Stammabschnitte sollen vor allem astfrei sein, um im Idealfall Furnier daraus herstellen zu können. Eichenholz wird zudem als Rund- und Schnittholz verarbeitet. Aufgrund der Dauerhaftigkeit des Kernholzes kann man es gut im Freien verwenden, zum Beispiel für Pfosten und Zäune, weiter für Kübel und Fässer, in Fachwerkhäusern, als Möbelholz und für Vertäfelungen, für Türen, Fenster, Treppen und Fußböden.

Für uns Menschen sind Eicheln wegen der bitteren Inhaltsstoffe und der vielen Stärke roh nicht genießbar. In Notzeiten wurde daraus aber Mehl, Kaffee-Ersatz und anderes hergestellt.

Pfahlbauten und Gebäude auf feuchten Standorten standen früher meist auf Eichenpfosten. Auch Hamburgs Hafen-Speicherstadt steht seit über 100 Jahren auf 3,5 Millionen Eichenstämmen.

Trauben- und Stiel-Eichen haben sich zudem als Stadtbaum sehr bewährt, da sie tolerant gegenüber Immissionen sowie Salz sind und eine Überschüttung des Stammfußes vertragen. Als Solitärgehölz und in städtischen Alleen entfalten sie eine besonders gute Wirkung, ebenso als Hofbaum im ländlichen Raum.

Eichenrinde gehört zu den gerbstoffreichsten Pflanzengeweben (mit einem Gehalt bis 20 Prozent). Dies macht man sich in Naturheilkunde und Ledergerberei zunutze. Dafür wird die Rinde junger Bäume abgeschält und dann gemahlen oder geraspelt. Sie wirkt auf Wunden aufgelegt blutungsstillend und infektionshemmend, als Tee gegen Durchfall, als Gurgelwasser gegen geschwollene Mandeln und Zahnfleisch-Entzündungen, als Badezusatz gegen Hautentzündungen und Ekzeme. Dazu findet man lange Anleitungen in Büchern und im Internet. Eichenrinde gibt es auch heute noch in jeder Apotheke zu kaufen.

Pflanzen für die viel späteren Nachkommen

Keine andere Baumart ist so vielfältig mit Mythologie und Volksglauben verbunden wie die Eiche (Stiel- und Trauben-Eiche wurden früher nicht unterschieden), was sicher mit dem eindrucksvollen Wuchs und ihrer Langlebigkeit zusammenhängt. Die Eiche ist der Inbegriff von Standfestigkeit, Kraft und Stärke. Das Eichenblatt gilt als Symbol für Beständigkeit, davon kommt seine häufige Darstellung auf Münzen, Wappen und Urkunden.

Wer eine Eiche pflanzt, glaubt an die Zukunft, denn den ausgewachsenen Baum werden erst die Ururur...enkel erleben. Die lange Wachstumsdauer bis zur Nutzung kann auch in der Forstwirtschaft gelegentlich zu Irritationen führen, wenn zum Beispiel vor über 200 Jahren Förster in England und Schweden auf einen Befehl des Königs hin Eichenbestände für die Marine gepflanzt haben und diese Bestände jetzt erntereif sind, wobei es ihre einstige Bestimmung nicht mehr gibt. Wer weiß, was in 150 bis 200 Jahren aus den Eichen gemacht wird, die heute noch jung sind und aufwachsen!

Blitze schlagen relativ häufig in Eichen ein, da sie mit ihrer Pfahlwurzel Kontakt zum Grundwasser haben und oft einzeln auf Wiesen oder an Plätzen stehen. Sie sind insofern der ideale Blitzableiter für Haus und Hof. (Näheres zum falschen Gewitterspruch steht bei der Rot-Buche.)

Bekannt ist die Wetterregel: »Treibt die Eiche vor der Esche, gibt's im Sommer große Wäsche, treibt die Esche vor der Eiche, folgt im Sommer große Bleiche.« Diese soll vorhersagen, ob der Sommer nass oder trocken wird (mehr dazu bei der Esche).

Die sogenannte Bräutigams-Eiche bei Eutin (eine Stiel-Eiche) ist die einzige Postadresse in Deutschland ohne Postgeheimnis und in einem Astloch im Baum, zu dem eine Leiter führt. Dorthin kann man Kontaktwünsche mitteilen und Leser/innen der Briefe oder Zettel erfüllen sie vielleicht, wenn es passt.

Eine oder zwei Arten?

Überraschend mag es klingen, dass in der Wissenschaft darüber diskutiert wird, ob Stiel- und Trauben-Eiche überhaupt verschiedene Arten sind. Unstrittig ist, dass sie sich von Natur aus problemlos miteinander kreuzen und Nachkommen erzeugen können, die wiederum befruchtungsfähig sind. Somit wären sie nach herkömmlicher Artdefinition keine getrennten Arten, sondern Unterarten, und Stiel- und Trauben-Eiche würden als *Quercus robur* subsp. *robur* und *Q. r.* subsp. *sessiliflora* bezeichnet. (So wie es früher üblich war – bis ins 18. Jahrhundert hinein gab es nur eine Art.) Zudem lassen sich Hybriden nicht sicher äußerlich erkennen, man neigt dazu, sie einer der beiden Arten zuzuordnen, dabei können sie die Hälfte eines Bestandes ausmachen.

Die Sichtweise hat allerdings Konsequenzen, denn wenn es sich nur um Unterarten handelt, gibt für die Verwendung die Herkunft den Ausschlag und nicht die Artzugehörigkeit: Für trockenere Standorte sollte man Bäume beziehungsweise Eicheln von trockeneren Standorten wählen, für feuchtere Standorte Bäume von ähnlichen Standorten (statt nur auf Trauben- und Stiel-Eichen zu achten, wenn man sie überhaupt unterscheiden kann). Auf den 1-, 2- und 5-Cent-Münzen ist übrigens eine Eiche abgebildet, die eindeutig zugleich Stiel- und Trauben-Eiche ist!

Ginkgo

Faszination in Ost und West

Der Ginkgo oder Fächerblattbaum ist durch seinen oft bizarren Wuchs und die merkwürdig entenfußartig gelappten Blätter mit keiner anderen Baumart zu verwechseln.

Einen besonderen Höhepunkt im Jahr bildet die leuchtende goldgelbe Herbstfärbung des Ginkgos (*Ginkgo biloba*). Zudem ist die filigrane Verzweigung oft ein Blickfang. Diese Besonderheiten machen den Ginkgo in vielen Ländern Ostasiens zu einem heiligen Baum, dort wird ihm weit verbreitet große Ehrfurcht und Achtung zuteil. Der Ginkgo kann über 1000 Jahre alt werden, bei uns sind es allerdings bisher erst etwa 250 Jahre, da er noch nicht viel länger in Europas Städten und Parkanlagen bekannt ist. So beginnt sich ein Ginkgo-Kult bei uns gerade erst zu entwickeln. Auch die interessante Nutzung der »Früchte« spricht sich neuerdings herum und löst bereits Aufsammel-Aktionen aus.

Die jungen Ginkgo-Bäume veranschaulichen die markante filigrane Verzweigung.

Diese Baumart zählt man zu einer eigenen Familie, den Ginkgogewächsen. Darin ist sie die einzige Gattung und Art. Der Ginkgo ist zum Baum des Jahrtausends ernannt worden.

Einzigartig im Reich der Pflanzen

An älteren frei stehenden Ginkgos fällt zuallererst die Wuchsform auf, wobei männliche Bäume oft schlanker als weibliche sind (das hängt aber von der Sorte ab). Die Krone ist

Charakter eines Ginkgo-Altbaumes mit goldgelber Herbstfärbung.

zudem relativ lichtdurchlässig. Der Ginkgo weist neben Langtrieben auch zahlreiche Kurztriebe auf, die immerhin über 50 Jahre alt werden können. Nach dem Verpflanzen bilden Haupt- und sogar Wipfeltriebe an ihren Enden oft jahrelang nur Kurztriebe, bis der Baum ausreichend neue Wurzeln gebildet hat. Man muss nicht befürchten, dass etwas nicht stimmt, sondern einfach nur etwas Geduld haben.

An den Kurztrieben stehen weibliche Blütenpaare mit Bestäubungstropfen.

An der Unterseite von waagerechten Ästen bilden sich gelegentlich Auswüchse (»Chi-Chi« genannt) wie Stalaktiten in Tropfsteinhöhlen, die nach unten wachsen und schließlich zu Wurzeln werden können, wenn sie den Boden erreichen. Die Rinde ist eine noble silbergraue, korkige Netzborke. Weil sie schwer entflammbar ist, erweisen sich die Bäume im Alter als feuerresistent.

Das Höchstalter kann über 1000 Jahre betragen. Hierzulande können Ginkgos heute allerdings höchstens etwa 260 Jahre alt sein, denn der Baum wurde erst 1730 nach Europa eingeführt und fand nur allmählich Verbreitung. Er erreicht Höhen von 25 bis 30 Meter und bei uns maximale Stammumfänge von drei bis vier Meter (selten fünf Meter). In seiner Heimat China gibt es uralte Exemplare mit zwölf Meter Stammumfang, die sehr sehenswerte Baumskulpturen formen.

Die lang gestielten Blätter sind durch ihre fächerartige Form unverwechselbar (auf den zweilappigen Aufbau bezieht sich der Zusatz »*biloba*« im wissenschaftlichen Namen). Am schönsten sieht dieser Baum zweifellos im Herbst (von Oktober bis November) aus, wenn sich seine Blätter leuchtend goldgelb färben und die einmalige Blattsilhouette noch prägnanter in Erscheinung tritt. Gelegentlich wird der Ginkgo wegen seiner Blattform auch als Entenfußbaum bezeichnet.

Bei Windstärke 4 hört man im Sommer aus der Krone ein klapperndes Zischeln.

Die Baumart ist zweihäusig, das heißt, es gibt nur weibliche oder männliche Bäume, da die verschiedengeschlechtlichen, windbestäubten Blüten auf unterschiedlichen Bäumen vorkommen. Die weiblichen Blüten sondern zur Blütezeit morgens einen Flüssigkeitstropfen aus, um den Pollen aufzufangen; das kann man mit etwas Mühe sehen. Der Bestäubungstropfen trocknet tagsüber wieder ein, wodurch der Pollen in das Blüteninnere gelangt.

Das Besondere beim Ginkgo ist die urzeitliche Befruchtung durch begeißelte männliche Spermien, die aktiv in Flüssigkeit schwimmen können, um die weibliche Eizelle zu erreichen und in sie einzudringen. Die Bestäubung erfolgt zwar im Mai, die Befruchtung findet aber erst Monate später im August oder September statt.

Das lang gestielte Blatt des Ginkgos besitzt die typische Form eines Entenfußes.

Weder Mirabellen noch Nüsse

Der aus China stammende Ginkgo ist ein überaus ungewöhnlicher Baum. Die nacktsamige Baumart ist nahe verwandt den Nadelbäumen und entwickelt keine Früchte – weil Nacktsamer keinen Fruchtknoten haben. Da die Ginkgo-Samen aber an Mirabellen erinnern, wird darüber in vielen Beschreibungen großzügig hinweggesehen, sie werden dann als »Mirabellen« oder die »Kerne« als »Ginkgo-Nüsse« bezeichnet. Botanisch korrekt handelt es sich um

Samen mit einer verholzten Samenwand und einer fleischigen Hülle, ähnlich wie bei der Eibe.

Die Zweihäusigkeit kann bedeutsam sein, da somit nur weibliche Bäume die fleischigen zwei bis drei Zentimeter großen »Mirabellen«-Samen produzieren und diese an warmen Frühherbsttagen unangenehm (ranzig) riechen, wenn sie reif auf Gehwege fallen. Darüber beschweren sich dann regelmäßig Anwohner von Ginkgo-Alleen mit weiblichen Bäumen oder fordern sogar deren Fällung.

Man kann männliche Bäume durch Stecklinge vermehren, dann sollte das Geschlecht der Jungbäume eigentlich ebenfalls männlich sein. Das klappt allerdings längst nicht immer – man merkt es dann aber erst, wenn sie mit 30 Jahren anfangen zu blühen.

Anfangs bildet der junge Ginkgo eine kräftige Pfahlwurzel, später ein Herzwurzelsystem mit Tiefen bis zu 1,5 Meter.

Fast in jedem Buch über Nadelbäume (oder Nadelbaum-Kapitel in Baumbüchern und Baumschulkatalogen) ist diese Baumart enthalten. Das beweist schon ihre Einzigartigkeit. Denn der Ginkgo ist definitiv kein Nadelbaum, schließlich trägt er Laubblätter, keine Nadeln. Dies beweist nur, dass nicht alle Nacktsamer Nadelgehölze sind, die beiden Begriffe können nicht gleichgesetzt werden. (Im Übrigen sind auch nicht alle Bedecktsamer Laubgehölze, eine Ausnahme bildet zum Beispiel der Stechginster.) Ebenso wenig gehört der Ginkgo zu den Koniferen, denn das sind nur die Zapfenträger unter den Nadelbäumen beziehungsweise Nacktsamern, und Zapfen trägt der Ginkgo nicht.

Robust wie sonst kaum einer

Lange vor der Entstehung der letzten Koniferen und schon vor der Entwicklung der eigentlichen Laubbäume war der Ginkgo über die ganze Erde verbreitet, auch hier bei uns. Sein Verschwinden aus Konkurrenzgründen begann bereits vor den Eiszeiten, aber er blieb am Leben und hatte beim Erscheinen der Menschen als Rückzugsgebiet eine Nische in den Bergwäldern Südostchinas gefunden. Dort reicht sein natürliches Verbreitungsgebiet bis in die subtropische Klimazone. Seine frühzeitige Wiederverbreitung verdankt er den Menschen durch seine Beliebtheit als Tempelbaum in China, später dann auch in Japan. Aufgrund seiner aktuellen Seltenheit in der Heimatregion stehen dortige Wildexemplare auf der Roten Liste der Weltnaturschutz-Union.

Der Wasserbedarf des Ginkgos ist gering, die Anpassung an Trockenstress hoch. Als Jahresniederschlag genügen ihm 425 Millimeter (wie im heimatlichen Verbreitungsgebiet in China). Der Ginkgo ist eine Übergangs-Baumart. Er hat schon in der Jugend einen höheren Lichtbedarf und benötigt bald eine freie Krone. Seine Klimatoleranz ist enorm, von heißen Sommern bis zu Wintern mit Temperaturen unter −30 °C.

Der Ginkgo gilt insgesamt als eine der robustesten Baumarten, sowohl was Umwelt-Einflüsse betrifft als auch in Bezug auf Krankheiten. Das mag mit daran liegen oder der Grund dafür sein, dass diese Baumart seit fast 200 Millionen Jahren äußerlich unverändert auf der Erde vorkommt. Berühmt geworden ist der Wiederaustrieb eines Ginkgo-Baumes nahe der Atombomben-Abwurfstelle in Hiroshima.

Bei uns gilt der Ginkgo in Naturschutzkreisen als relativ ungünstige Baumart, da er kaum Lebensraum für Tiere bietet. Das hängt allerdings vor allem damit zusammen, dass er weitgehend frei von Krankheiten und Schädlingen ist. Wir müssen entscheiden, ob als Stadt- und Straßenbaum nicht seine Robustheit wichtiger ist.

Nahrung und Heilmittel

Ginkgos baut man hierzulande wohl nie an, um das Holz nutzen zu können. Wegen seiner Anspruchslosigkeit und Unempfindlichkeit gegenüber Luftschadstoffen (Ozon, Schwefeldioxid) ist der Ginkgo aber ein besonders beliebter und dauerhafter Park- und Straßenbaum im Zentrum großer Städte. Die häufigste Verwendung des Ginkgos erfolgt daher als Stadtbaum. Die größten Ginkgo-Alleen mit bis zu zehn Kilometer Länge habe ich in Peking gesehen. Es handelt sich zudem um eine der am besten geeigneten und schönsten Baumarten für Bonsais.

Inwieweit der bei uns nichtheimische Ginkgo hier von einheimischen Tieren besiedelt oder gefressen wird, ist noch relativ unerforscht. In China erfolgt die Verbreitung der Art vor allem durch Wildkatzen und Eichhörnchen, welche die am Boden liegenden Samen – angelockt von deren Geruch – verzehren und verschleppen.

Der vom Samenfleisch befreite und geröstete Same (die sogenannte »Ginkgo-Nuss«) gilt in China und Japan als Delikatesse. Bereits seit Jahrhunderten isst man die gerösteten Kerne dort gerne zu alkoholischen Getränken. In Asien wird die Baumart auch deshalb schon seit Langem geschätzt und kultiviert. In Peking habe ich gesehen, dass schon morgens bei Sonnenaufgang die ersten Fans losziehen, um unter Ginkgo-Alleen nachts heruntergefallene Samen zu sammeln.

Sie werden dann geröstet: Zunächst entfernt man das »Fruchtfleisch«, indem darauf drückt – die Kerne flutschen dann heraus und werden unter fließendem Wasser saubergespült und getrocknet (sie sehen wunderschön glatt aus). Die Samen kommen in einer Papiertüte in die Mikrowelle und werden dort gegart, bis es poppt: Nach ein bis zwei Minuten knallt es. Dann ist die Schale in der Tüte geknackt, und zum Vorschein kommt ein glänzend grüner Embryo, der hervorragend schmeckt, wie eine Cashewnuss bester Qualität. Noch nicht geöffnete Nüsse kann man mit einem Nussknacker oder mit den Zähnen knacken. Man sollte immer nur ein paar auf einmal essen, dann schmecken sie am besten.

Die Heilwirkung des Ginkgos ist unglaublich vielfältig – darüber wurden sogar Bücher geschrieben. Die Blätter enthalten Inhaltsstoffe, die vor allem in Präparaten zur Förderung der Durchblutung medizinische Anwendung finden.

Mit dem Ginkgo verbinden viele Menschen aufgrund seiner ungewöhnlichen Erscheinung positive mentale und psychische Heilwirkungen. Er wird deshalb vor allem in Ostasien seit Langem hoch verehrt und genießt dort in der Mythologie allerhöchstes Ansehen.

Faszinierender Überlebenswille

Bereits kurze Zeit nach dem Atombomben-Abwurf in Hiroshima trieb 1946 als einziger Baum ein Ginkgo-Spross aus dem völlig zerstört geglaubten Wurzelstock nahe der Abwurfstelle wieder aus. Das »Wunder von Hiroshima« gab einen großartigen Beleg für die Widerstandkräfte dieses Baumes. Er ist seitdem Symbolbaum der Japaner für die Hoffnung auf Überleben nach Katastrophen. Er wird daher auch als Friedens-Baumart, Mahnmal gegen den Krieg und als Baum der Hoffnung verehrt.

Schon Goethe war von dem Baum so fasziniert, dass er ihm sein berühmtes Liebesgedicht widmete, weshalb der Ginkgo auch gelegentlich Goethebaum genannt wird. In der Goethestadt Weimar gibt es ein sehenswertes Ginkgo-Museum (am Markt). Dort wird einem in allen Facetten bewusst, wie der Baum Menschen in der ganzen Welt anspricht und fasziniert, vor allem in Hinblick auf Kunst, Ästhetik, Esoterik, Geschichte und Heilkunde.

Kultiviert bei den Römern

Keine andere unserer häufigeren Baumarten kommt mit solchen Blättern daher: Sie glänzen und werden bis zu 25 Zentimeter lang. Am Rand besitzen sie viele grobe Grannenzähne.

Durch ihre Blätter sieht die Ess-Kastanie oder Marone (*Castanea sativa*) edel aus, und etwas Besonderes ist diese Art tatsächlich. Die Bäume können sehr groß werden. Am Stamm fällt bei der eindrucksvollen tief rissigen Netzborke meist der starke Drehwuchs auf. Zudem kennt wohl jeder die attraktiven Maronen-Früchte, die am Baum von einem klettenartigen

Charakter der Ess-Kastanie mit tief rissiger Borke des dicken Stammes und großen Blättern.

Einen extremen Drehwuchs nach links zeigt dieser Stamm einer Ess-Kastanie.

Fruchtbecher umhüllt sind. Beeindruckend ist die Lebenserwartung von über 1000 Jahren. Dadurch gibt es sehr alte Baumskulpturen dieser Baumart, die stattliche Stammumfänge von etwa 20 Meter erreichen.

Die Ess-Kastanie oder Marone gehört wegen ihres Fruchtbechers zusammen mit Eichen und Buchen zu den Buchengewächsen. Ess-Kastanien sind nicht mit den Rosskastanien verwandt (siehe unten). Schließlich handelt es sich um ganz verschiedene Fruchttypen und Familien.

Rekordverdächtig dicke Stämme

Der dickste Baum Europas dürfte eine Ess-Kastanie am Ätna auf Sizilien sein, mit sagenhaften 22 Meter Stammumfang. Er ist einer von drei starken Stämmen dieser Baumart, die direkt beieinander stehen. Wenn diese Stämme (wie angenommen) zu einem Baum gehören, der zerfallen ist, hätte dieser sogar einen Umfang von 58 Meter und wäre damit der dickste Baum der Welt. Er ist auch unter dem Namen »Kastanie der 100 Pferde« bekannt, da 100 Pferde unter seiner Krone Platz finden können.

Der Stamm der Ess-Kastanien ist eigentlich immer drehwüchsig, das heißt, er ist entlang der Längsachse verdreht, was sich im Rindenbild der zum Teil tief gefurchten Netzborke widerspiegelt. Dabei handelt es sich immer um einen Drehwuchs linksherum (von rechts unten nach links oben). Die Drehung vollzieht sich somit in gleicher Richtung wie der Sonnenlauf. Möglicherweise liegt darin auch ein Teil der Erklärung, sicher spielen dabei auch genetische Anlagen eine Rolle.

Ess-Kastanien können bei uns Stammumfänge von fünf bis sieben Meter erreichen (selten bis über zehn Meter). Ihr Höchstalter beträgt 400 bis 500 Jahre (selten über 1000 Jahre), die maximale Baumhöhe liegt bei 25 Meter (selten 30 Meter).

Da die Ess-Kastanie nach dem Absägen sehr gut immer wieder aus dem Stock austreibt, wurde sie früher im Niederwald genutzt (das geschieht zum Teil heute noch, zum Beispiel in Italien). Dies ist eine Bewirtschaftungsform, bei der die Bäume alle 20 bis 30 Jahre auf den Stock gesetzt werden, um die Austriebe als Brennholz zu nutzen (dann müssen sie aufgrund der geringen Durchmesser nicht mühsam gespalten werden). Beim Niederwald-Betrieb werden Baumarten gefördert, die gut und schnell aus dem Stock wieder austreiben, wie eben zum Beispiel die Ess-Kastanie.

Die Maronen entwickeln sich innerhalb des Fruchtbechers.

Die bis zu 25 Zentimeter langen Blätter sehen durch ihre glänzende Oberfläche und die markante Zähnung am Blattrand attraktiv aus. Die Blattstellung wechselt am Baum: An senkrecht wachsenden Wipfeltrieben ist sie spiralig, an waagerechten Seitenzweigen hingegen oft zweizeilig. Letzteres ist als Anpassung an Schatten zu interpretieren, wie bei Linde, Hainbuche und Buche. Bei Windstärke 4 hört man im Sommer aus der Krone ein helles klapperndes Rauschen. Die Herbstfärbung ist hellgelb.

Die Blütenstände erscheinen erst ab einem Alter von etwa 30 Jahren im Juni und färben die Kronen dann auffällig hell. Daran erkennt man um diese Zeit schon von Weitem, wo sich Ess-Kastanien befinden, man merkt es außerdem an dem ein wenig ranzigen Geruch. Die Blütenstände tragen nur an der Basis weibliche Blüten, im längeren oberen Bereich dagegen nur männliche Blüten. Demzufolge entwickeln sich die Maronenfrüchte immer nur am unteren Ende und die Achse muss nicht übermäßig verstärkt werden (wie bei der Rosskastanie). Sehr viele Insekten-Arten sind für die Bestäubung zuständig.

Die Maronen sind Nussfrüchte und befinden sich zu dritt in einem klettenähnlichen, stacheligen Fruchtbecher, der zur Reifezeit zusammen mit den Nüssen herabfällt. Er gehört nicht zur Blüte, wie bei Buchen und Eichen. Maronen schmecken sehr unterschiedlich von Baum zu Baum (Süße und Bitterkeit variieren). Richtige Kenner sammeln daher nur unter bestimmten Bäumen, denn die Unterschiede zwischen den Bäumen bleiben über die Jahre hinweg erhalten.

Kurze Zeit entwickelt die Baumart eine Pfahlwurzel, bald darauf ein Herzwurzelsystem.

Von Wärme begünstigt

Das natürliche Verbreitungsgebiet der Ess-Kastanie lässt sich aufgrund ihrer mehr als 2000-jährigen menschlichen Verbreitung und Pflanzung in Europa schwer rekonstruieren. Schon zur Römerzeit wurde sie für Rebstöcke und wegen ihrer Früchte außerhalb des natürlichen Verbreitungsgebietes angebaut. Für Rebstöcke wird sie heute noch genutzt.

Aufgrund ihrer langen Einbürgerungs-Geschichte ist die Ess-Kastanie eine einheimische Baumart. Ihr ursprüngliches Verbreitungsgebiet war der europäische Mittelmeerraum und Vorderasien. Regelmäßige Fruchtbildung kann man südlich einer Linie Krakau–Dresden–London erwarten, nördlich davon fruchtet die Ess-Kastanie nur unregelmäßig in wärmeren Sommern und dies in Zukunft dann häufiger. Auch in Südschweden klappt es ab und zu.

Ess-Kastanien wachsen zu solchen monumentalen Uraltbäumen heran.

Die Ess-Kastanie ist eine Übergangs-Baumart, sie toleriert zunächst Schatten, benötigt dann aber bald viel Licht. Mit ihrer Herkunft aus dem Mittelmeerraum ist klar, dass sie mit heißen, trockenen Sommern gut zurechtkommt und vom Klimawandel profitieren wird. Lediglich mit pH-Werten über sieben hat sie in der Stadt Probleme, was zu beachten ist.

In früheren Zeiten ein Brot der Armen

Die Ess-Kastanie liefert ein erstklassiges Nutzholz ähnlich wie die Eiche, im Weinbau schätzt man es für Rebstöcke, außerdem als Zaunlatten, ansonsten für Brennholz, seltener als Bau- und Möbelholz sowie für Gebrauchs-Gegenstände.

Bei der Nutzung stehen die Früchte an allererster Stelle – es gibt ganze Bücher darüber, was man alles damit und daraus machen kann. Die Maronen waren ursprünglich sehr klein und fast ungenießbar, sind dann über die Jahrtausende hinweg zu größeren und schmackhafteren Früchten ausgelesen worden. Von Äpfeln und Birnen kennen wir dasselbe. Die Zuchterfolge sind allgemein bekannt und selbstverständlich, nur denken wir bei der Marone darüber nicht nach. In wärmebegünstigten Regionen waren Ess-Kastanien bis ins 17. Jahrhundert hinein geradezu ein Volksnahrungsmittel: Angesagt war »ein Baum pro Kopf«.

Aufgrund ihrer Robustheit, ihrer Früchte und des guten Aussehens ist die Ess-Kastanie auch ein beliebter Stadtbaum, vor allem in Parkanlagen, großen Gärten und neben Gutshäusern. Berücksichtigen muss man dabei, dass die Bäume groß werden. Das Sammeln der Früchte im Herbst ist eine attraktive Beschäftigung für die ganze Familie.

Kastanien gelten in der Heilkunde als stopfendes Mittel. Neben den Früchten werden auch die Blätter für medizinische Zwecke genutzt (nämlich als Hustensaft). Fast jeder Teil des Baumes lässt sich zu Heilzwecken verwenden.

Ähnlich, doch nicht verwandt

In der Mythologie hat die Ess-Kastanie keine besondere eigene Bedeutung. Oft ist auch nicht ganz klar, welche der beiden Kastanien gemeint ist. Das meiste, was zur Marone überliefert ist, spielte sich in südlicheren Gefilden ab. Denn die alten Griechen verehrten sie und weihten sie Zeus. Sie steht für weise Voraussicht, Tröstung und Rettung aus Verzweiflung. Der Spruch »für jemanden die Kastanien aus dem Feuer holen« bezieht sich auf die Marone.

Ess-Kastanien sind nicht mit den Rosskastanien verwandt, die Arten gehören verschiedenen Familien an. Die beiden deutschen Namen sind durch die ähnlich aussehenden Früchte entstanden. Es handelt sich jedoch um ganz verschiedene Fruchttypen: Bei der Rosskastanie sind es Kapseln, die am Baum aufplatzen und die Samen entlassen, die Ess-Kastanie entwickelt Nüsse im Fruchtbecher. Deutlich wird der Unterschied auch durch die Schreibweise: Ess-Kastanie schreibt sich korrekt mit Bindestrich, da die Gattung Kastanie heißt (*Castanea*), bei Rosskastanie steht kein Bindestrich, da dies der Gattungsname ist (*Aesculus*).

Filigrane Gestalt

Das Besondere der Lärche ist ihre filigrane und leichte Verzweigung, welche die Krone lichtdurchlässig macht, vor allem im Winter.

Die Lärche (*Larix decidua*) wirft als einzige einheimische Nadelbaum-Art ihre Nadeln im Herbst ab und zeigt dabei bis weit in den November hinein eine spektakuläre Herbstfärbung, die den Begriff »goldener Herbst« mitgeprägt hat. Dann sehen wir auch die vielen kleinen Zapfen, die mehrere Jahre an den Zweigen hängen bleiben. Die Lärche erweist sich als idealer Hausbaum und Baum für den Garten. Zudem ist die grobschuppige Borke im Alter sehenswert.

Lärchen gehören zur Familie der Kieferngewächse und darin zur Unterfamilie der Lärchenartigen, deren Nadeln sich an Lang- und Kurztrieben befinden. Das lateinische wissenschaftliche Beiwort *decidua* im Artnamen bedeutet »laubabwerfend«.

Die Lärche war Baum des Jahres 2012.

Charakter der Lärche mit lichter, aufstrebender Krone und rötlich brauner Schuppenborke.

Charakteristische Krone

Am Wuchs der Lärche fällt zunächst der (wie bei den meisten Nadelbaum-Arten) bis in den Wipfel durchgehende Stamm auf, dessen Spitze im Alter dann aber oft markant in die Waagerechte umbiegt. Dies kann auch schon früher im Leben auftreten, wenn die Wurzeln auf Probleme stoßen, zum Beispiel auf Fel-

Der Stamm einer Uralt-Lärche zeigt die markante dicke Schuppenborke.

sen oder auf andere Weise ungünstige Bodenverhältnisse. Als Kandelaberlärchen werden mehrwipfelige Lärchen bezeichnet, die wie Kerzenleuchter aussehen, wenn nach mehrfachem Wipfelbruch (zum Beispiel im Hochgebirge infolge Schnee- und Eislasten) mehrere Seitenäste zu Wipfeltrieben werden.

Die annähernd waagerecht vom Stamm abstehenden Äste verlaufen an der Spitze charakteristisch bogenförmig nach oben, die Zweigspitzen sind alle aufgerichtet. Von diesen Hauptästen hängen die Feinzweige senkrecht herab, weshalb die Lärchenkrone sehr filigran wirkt und sich von vielen anderen Nadelbaum-Arten deutlich unterscheidet. Die Lärche bildet – für einen Nadelbaum ungewöhnlich – Kurz- und Langtriebe. Dies ist mit ihrem jährlichen Nadelabwurf zu erklären. An den sehr früh ergrünenden vielen Kurztrieben stehen bis zu 50 Nadeln dicht gedrängt im Büschel zusammen. Die Langtriebe hingegen erscheinen erst vier Wochen später und wachsen dann bis zum Spätsommer immer weiter.

Der biegsame Stamm erweist sich bei Lawinen-Abgängen und Schneerutschung im Gebirge als Vorteil. Die Stammbasis ist in Hanglagen oft säbelartig gebogen und kann dann malerisch gekrümmt aussehen. Oft liegt davor ein Felsblock oder Steinhaufen, der von den Lärchen am Weiterrollen gehindert wurde. Dieses Motiv inspirierte schon viele Maler und Fotografen. Die Schuppenborke zeigt im Alter eindrucksvolle grobe Plat-

Die Altlärche präsentiert die sonnengelbe Herbstfärbung.

tenstrukturen, die rötlich braunen Borkenschuppen werden sehr dick und ähneln dann der Schwarz-Kiefer oder dem nordamerikanischen Riesenmammutbaum.

Lärchen können hierzulande Stammumfänge von drei bis vier Meter (selten fünf bis acht Meter) erreichen. Das Höchstalter liegt bei 300 bis 500 Jahren (im Gebirge selten 1000 Jahre), die Baumhöhe beträgt 30 bis 40 Meter (selten bemerkenswerte 50 bis 55 Meter).

Nadelabwurf bringt Vorteile in kalten Wintern

Durch das Abwerfen der Nadeln im Herbst sehen Lärchen im Winter einmalig aus: Die Kronen voller kleiner Zapfen lassen viel Licht durch die Krone einfallen, was übrigens auch im Sommer zutrifft. Dies macht die Lärche als Gartenbaum so beliebt, neben ihrem frühen Austrieb und der fantastischen goldgelben und späten Herbstfärbung, die oft erst im November eintritt (im Gebirge früher). Bei Windstärke 4 hört man im Sommer aus der Krone ein gleichmäßiges helles Säuseln.

Eine vollkommen schlüssige Erklärung für den herbstlichen Nadelfall kann ich nicht anbieten, aber sicher bringt er Vorteile, wenn es im Verbreitungsgebiet einer Baumart extrem kalt und trocken werden kann. Und genau das ist bei der Europäischen Lärche der Fall. Denn sie kommt vor allem in Gebirgen mit kontinentalem Klima vor, bei dem die Sommer relativ heiß und trocken sind und die Winter sehr kalt werden können.

Die Äste tragen viele mehrjährige und junge Zapfen, filigran hängen die Seitenzweige herab.

Der beste Verdunstungs- und Frostschutz für einen Baum besteht nun einmal darin, dass die Blätter kurzfristig abgeworfen werden. Das setzt aber voraus, dass der Baum vor Abwurf der Nadeln wichtige Nährstoffe aus den Nadeln abzieht. Und das ist der Grund für die wunderschöne goldene Herbstfärbung der Lärche.

Das hat allerdings auch zur Folge, dass sich die Nadelstreu von Lärchen von allen heimischen Baumarten am schwersten zersetzt. Aufgrund des ungünstigen Kohlenstoff-/Stickstoff-Verhältnisses ist sie für abbauende Organismen nur schwer verdaubar und bildet Rohhumus. In der Folge dauert es lange, bis die Nadeln zerkleinert werden. Ein angepflanzter Lärchen-Reinbestand kann daher erheblich zur Boden-Versauerung beitragen und so zur Standort-Verschlechterung führen. Das gilt jedoch nicht für Mischbestände, Baumgruppen und einzelne Lärchen.

Wie bei allen Nadelbaum-Arten sind die sehr frühen Blüten windbestäubt und zunächst von Weitem unauffällig, wenn sie im April oder oft schon im März erscheinen. Die Bäume blühen bereits bei einem Lebensalter von zehn Jahren. Die weiblichen Zapfen-Blütenstände sind aufgerichtet und können zur Blütezeit feuerrot (oder weißlich grün) werden, die männlichen Blüten sind leuchtend gelb und hängen herab. Von Nahem betrachtet sieht das zauberhaft aus.

Die Zapfen stehen aufrecht mehrere Jahre am Baum, sodass man immer neue und alte hintereinander aufgereiht an den Zweigen findet. Eine Besonderheit ist, dass sich die Zapfen beim Trocknen nach der Reife nur allmählich ein wenig öffnen und sich bei kühlem und feuchtem Wetter wieder schließen, sodass die etwa 50 Samen je Zapfen erst nach und nach über zwei bis drei Jahre bei dem andauernden geringfügigen Öffnen und Schließen der Zapfen herausfallen.

Lärchen entwickeln zunächst eine nach unten strebende Pfahlwurzel und mit dem Alter dann ein herzförmiges Wurzelsystem, dessen Tiefe auf felsigen Böden mit Gesteinsspalten fünf Meter erreichen kann.

Lawinenschutz und Luftreinhaltung

Die Lärche hat von Natur aus nur vier relativ kleine, vollkommen voneinander getrennte Verbreitungsgebiete. Dies lässt sich durch die nacheiszeitliche Waldgeschichte und die Konkurrenz mit anderen Baumarten erklären: Aufgrund ihres hohen Lichtbedarfes ist sie während der Rückwanderung nach den Eiszeiten von anderen Schatten-Baumarten in besondere Nischen gedrängt worden, in denen diese nicht mehr so gut wachsen. Das bedeutet, dass es früher einmal ein größeres zusammenhängendes Verbreitungsgebiet der Lärche gab, das dann zerrissen wurde. Folgende vier Verbreitungsgebiete, die beim Anbau zu beachten sind, werden unterschieden: aus dem Hochgebirge Alpen- und Karpatenlärche, aus Mittelgebirge und Hügelland Sudeten- und Polenlärche.

Die Lärche ist ein Baum der Mittel- und Hochgebirge, tritt aber auch im Hügelland auf und kann ebenso problemlos im Flachland gepflanzt werden. In den höheren Lagen der Alpen wird sie teilweise zur dominierenden Baumart und bildet dort auch Reinbestände, die dann die Landschaft prägen. Das sieht besonders im Herbst vor der Kulisse hoher Felswände traumhaft aus. Lärchen kommen bis in Höhenlagen von über 2500 Meter vor, können dort die Waldgrenze bilden und wichtige Lawinen-Schutzfunktion übernehmen. Kaum eine andere einheimische Baumart ist so frosthart: Die Lärche verträgt bis −40 °C.

Bei uns ist die Lärche nur mit einem Minibestand ihres Alpenareals nahe der Grenze zu Österreich einheimisch, nämlich im südlichsten Zipfel Deutschlands bei Garmisch-Partenkirchen. Bemerkenswerterweise gilt sie deshalb in ganz Deutschland als einheimisch, da dies nach Landesgrenzen entschieden wird.

Bei der Lärche handelt es sich um eine Pionier-Baumart, das heißt, sie besiedelt Rohböden und Kahlflächen als erste, und dort sind die Klima-Extreme auch größer. Pionier-Baumarten sind sehr lichtbedürftig (Licht-

Baumarten), dies trifft für die Lärche ganz besonders zu: Wenn Lärchen in einem Mischbestand nicht ständig eine freie Krone haben, gehen sie ein. Das kann man in der Forstwirtschaft etwas steuern, indem man die Lärchen in Gruppen den anderen Baumarten voranwachsen lässt. Dafür ist ihr schnelles Jugendwachstum von Vorteil.

Besondere Nährstoff-Ansprüche stellt diese Baumart nicht, sie kommt mit allen Böden zurecht, außer bei hoch anstehendem Grund- oder Stauwasser. Luftfeuchte Lagen sind ungünstig wegen des hohen Krebsrisikos (die Krankheit wird durch einen Pilz ausgelöst).

Heute spielt die Lärche im Forst eine wichtige Rolle als Misch-Baumart in Buchenwäldern und kann dort zu einer höheren Arten- und Strukturvielfalt beitragen, wenn man den hohen Lichtbedarf berücksichtigt. In Mischbeständen hat dann auch die ungünstige Nadelstreu keine große Bedeutung mehr, da sie bei Durchmischung mit den Blättern anderer Baumarten schneller zersetzt wird.

Grünspechte und Fichten-Kreuzschnäbel mögen Lärchen als Lebensraum, laichende Grasfrösche suchen gerne Schutz unter dem dichten Filz alter Lärchennadeln. Verschiedene Pilze sind als wichtige (Mykorrhiza-) Partner auf Lärchenwurzeln angewiesen, zum Beispiel Lärchen-Röhrling, -Ritterling und der Gold-Röhrling.

Gegenüber den meisten Immissionen ist die Lärche relativ tolerant, wohl auch, da sie die Nadeln jedes Jahr abwirft. Nur Ozon macht ihr Probleme. Nach neuen Untersuchungen in Großbritannien ist sie die Baumart mit dem höchsten Potenzial zur Verbesserung der Luftqualität in Städten (30 Baumarten wurden dort auf ihr Vermögen zur Verringerung der Luftverschmutzung untersucht).

Schutzbaum am Haus

Die Lärche liefert eines der wertvollsten und härtesten heimischen Nadelhölzer. Bei den Förstern ist die Baumart daher sehr beliebt, allerdings kommt sie derzeit nur auf etwa einem Prozent der Waldfläche vor. Ihr Holz ist sehr dauerhaft durch den hohen Harzgehalt (harziger als Kiefern), sogar wenn es unbehandelt der Witterung ausgesetzt wird. Man kann es daher sehr gut im Außenbereich verwenden, zum Beispiel für Fassaden-Verkleidungen, Holzbeläge und Dachschindeln. Beliebt ist Lärchenholz vor allem als Konstruktionsholz für innen und außen. Auch für Wasserbauten und im Bootsbau ist es sehr geeignet und hält dann problemlos über 500 Jahre (alte Wasserleitungen waren oft aus Lärchenholz). Zudem sieht das Holz durch seine rötliche Färbung des Kernes sehr attraktiv aus und riecht in frischem Zustand angenehm aromatisch. Es ist das beste Holz für Kübel und Bottiche, sagen die Böttcher.

Die Lärche ist zudem ein idealer Garten- und Stadtbaum, da sie viel Licht durchlässt, im Frühling sehr früh austreibt und sich im Herbst sehr spät und leuchtend verfärbt. Im Gebirge gilt sie zusammen mit dem Berg-Ahorn als die beliebteste Hausbaum-Art und übernimmt dort die Funktion eines Schutzpatrons für Haus und Hof vor bösen Geistern, Blitzeinschlägen und anderem Unheil.

Die Schönheit der Lärche ist vielfach in Dichtung, Kunst und Fotografie verewigt worden. Ihr filigraner Wuchs und die Fähigkeit zur Bildung von Kurztrieben machen sie zudem zu einem besonders beliebten Baum der Bonsai-Freunde.

Bedeutung in der Heilkunde hat die Lärche wohl bereits seit der Steinzeit erlangt. Das beste Terpentin-Öl stammt von Lärchen und ist die Basis für Heilsalben: Lärchensalbe fördert die Wundheilung, lindert Rheuma und Erkältungskrankheiten; Rezepte dafür wurden schon bei den Römern beschrieben. Auch die positive Wirkung in der Aroma-Therapie und Duftheilkunde ist seit Langem bekannt. Inhaltsstoffe von Holz und Nadeln werden bis heute in der Kosmetik-Industrie verwendet für Hautmasken, Rasiercremes und anderes.

Wohnort freundlicher Waldfeen

Die Lärche war schon zu Urzeiten von besonderer mythologischer Bedeutung, vor allem im Gebirgsraum. Dort galt sie im Volksglauben als Heimstatt wohlgesonnener Waldfeen, im Altertum war sie daher heilig. Diese Waldfeen geleiteten verirrte Wanderer auf den rechten Weg, gaben den Armen Geldbeutel, die niemals leer werden, Brotkästen, die ewig gefüllt bleiben, und Käselaibe, die stets nachwachsen.

Die dicksten und vermutlich auch ältesten Exemplare der Europäischen Lärche innerhalb Europas wachsen in der Schweiz in etwa 2000 Meter Höhe (im Unter-Wallis bei Nendaz nahe Sion). Sie erreichen sagenhafte Stammumfänge von über neun Meter. Wie Riesenmammutbäume stehen dort über 250 Jahre uralte dicke Lärchen einzeln auf den Bergwiesen, eine schöner als die andere und jede ein Monument von Baum. Wenn die Sicht stimmt, bildet die schneebedeckte Kette der Viertausender zwischen Matterhorn und Mont Blanc den Hintergrund.

Sommer- und Winter-Linde

Markante Herzform

Wie bei keiner anderen Baumart stimmt bei den Linden die Wuchsform des Baumes mit der Blattform überein und ähnelt einem Herz (mit der Spitze nach oben).

Ihre Blattform hat die Linde in der Vergangenheit und Mythologie zum Baum der Liebe (beziehungsweise der Liebenden) und damit bei uns sympathisch gemacht. Zudem mögen im Grunde alle Menschen ihren süßen Blütenduft im Sommer und ihre goldgelbe Laubfärbung im Herbst. Die Winter-Linde (*Tilia platyphyllos*) wächst etwas langsamer und bleibt daher kleiner als die Sommer-Linde (*Tilia cordata*). Beide können etwa 1000 Jahre alt und durch ihren intensiven und fortlaufenden Austrieb am Stammfuß sozusagen unsterblich werden. Linden erweisen sich als besonders tolerant gegenüber Verletzungen, allerdings ist ihr Leidensvermögen nicht unbegrenzt. Aufgrund vieler Gemeinsamkeiten und Ähnlichkeiten werden hier beide Arten zusammen vorgestellt.

Die Linden gehören seit Kurzem zur Familie der Malvengewächse. Das mag vielleicht etwas überraschen, wird aber durch den ähnlichen Blütenaufbau verständlich. Die Sommer-Linde war 1991 Baum des Jahres, die Winter-Linde war es 2016.

Ausgeprägter Überlebenswille

Um Winter- und Sommer-Linde zu unterscheiden, eignet sich am besten erstens die Behaarung der Triebe und Blattstiele bei der Winter-Linde, zweitens die Anzahl der Blüten beziehungsweise der Früchte: Sie beträgt zwei bis fünf bei der Sommer- und fünf bis zwölf bei der Winter-Linde. Drittens lassen sich nur die Früchte der Winter-Linde zerdrücken, bei der Sommer-Linde hingegen haben sie harte Rippen.

Zwischen beiden Linden gibt es auch eine Kreuzung, deren Merkmale variabel zwischen beiden Eltern stehen. Diese Holländische Linde (*Tilia × europaea*) ist in Sorten, zum Beispiel der »Kaiser-Linde«, einer der belieb-

Charakter der Winter-Linde mit herzförmigem Wuchs und goldgelber Herbstfärbung.

testen gepflanzten Stadt- und Straßenbäume und daher im Siedlungsraum häufiger zu finden. Von Natur aus kreuzen sich beide Eltern-Arten kaum wegen des um zwei Wochen unterschiedlichen Blütezeitraums.

Der typische Wuchs wurde eingangs bereits angesprochen. Die Wipfeltriebe der Linden wachsen zunächst (wie bei der Buche) waagerecht und richten sich erst im folgenden Herbst auf – wenn der Baum ausreichend Licht erhält. Dies weist bereits auf die hohe Schattentoleranz hin, denn das zunächst horizontale Wachstum verhindert die gegenseitige Beschattung der Blätter am selben Jahrestrieb. Zudem sind bei den Linden die schwingenden, hängenden Seitenäste im unteren Kronenbereich sehr charakteristisch und schön anzusehen. Diese »Schleppen« beleben die Krone und sind bei anderen Linden-Arten

Beim Aufsuchen von Linden-Naturdenkmalen haben sich leider von neun Winter-Linden drei als Sommer-Linden herausgestellt. In einigen Baumbüchern über besonders alte und dicke Bäume wird zum Teil die Art gar nicht benannt, sondern es ist nur von einer Linde die Rede.

zum Teil noch ausgeprägter. Die größeren Blätter der Sommer-Linde führen zu einer gröberen Verzweigung als bei der Winter-Linde. Das fällt allerdings nur auf, wenn beide direkt nebeneinander stehen, sonst nimmt man den Unterschied nicht wahr.

Die Rinde entwickelt sich zu einer ausgeprägten Netzborke, bei genauerer Betrachtung kann man aufregende Strukturen finden: An älteren Bäumen gibt es oft turbulente Bereiche, in denen die Dynamik des Stamm-Dickenwachstums sehr schön sichtbar wird. Regelmäßig bilden sich im Stamm dickerer Linden Innenwurzeln, die am sich zersetzenden eigenen Holz des Baumes zehren. Sie werden sichtbar, wenn der Stamm aufreißt oder hohl wird, und können beeindruckende Stärken erreichen. Wird die Linde abgesägt, treibt sie sofort wieder intensiv aus dem Stock oder Stamm aus. Dieser ausgeprägte Überlebenswillen trägt sicher auch zum hohen Lebensalter bei.

Ausgeprägte Stammknollen

Beim Messen des Umfangs bereiten die häufigen Stammknollen der Linden etwas Probleme, sie erhöhen zwangsläufig das Mess-Ergebnis. Diese Maserknollen am Stamm vieler Linden entstehen um frühere Astansätze herum, indem dort kleinräumige Zuwachs-Steigerungen stattfinden. Oft ist dies verbunden mit dem Austreiben zahlreicher schlafender Knospen, sodass es an diesen Knollen auch zu dichten Zweigbüscheln kommt (man nennt sie Wasserreiser).

Das Höchstalter liegt über 500 Jahren. Das älteste Exemplar Deutschlands dürfte die Tanzlinde von Schenklengsfeld in Hessen sein, eine Sommer-Linde von etwa 1000 Jahren. Die maximale Baumhöhe der Linden kann 30 bis 35 Meter betragen. Der bemerkenswert große Stammumfang erreicht bei der Sommer-Linde neun bis zehn Meter (selten sagenhafte 14 bis 18 m!), bei Winter-Linden sechs bis sieben Meter (selten acht bis neun Meter). Die Sommer-Linde wird dicker als die Winter-Linde, so sind auch die dicksten Linden Deutschlands alle Sommer-Linden – zum Beispiel das Riesenexemplar in Heede im Emsland mit etwa 18 Meter Stammumfang.

Die meisten älteren Linden treiben bereits zu Lebzeiten intensiv aus dem Stammfuß wieder aus. Solche Klonbäume können mit dieser Strategie theoretisch immer weiter leben, sie sind dadurch also sozusagen unsterblich – falls sie nicht von einer Krankheit oder einem anderen Naturereignis zum Absterben gebracht werden.

Dabei stellt sich die Frage: Wie zählt man eigentlich das Baumalter, wenn der Vorgänger nach seinem Absägen oder Absterben wieder aus

Selbstklonung erfolgt bei einer Winter-Linde durch junge Austriebe am Stammfuß.

dem Stock ausgetrieben ist? (Genaues weiß man bei vielen alten Linden gar nicht sicher.) Zählt bei dem Alter der jetzigen Bäume auch das Alter des Vorgängers mit? (Es ist ja immer noch derselbe Baum.) Im Grunde besteht Einigkeit darüber, dass nur der jetzt lebende oberirdische Baum berücksichtigt wird (siehe dazu auch den Abschnitt zur Fichte).

Der Duft nach Honig

Die Blüten der Linden erscheinen erst mit 30 bis 50 Jahren und stehen in Trugdolden. (Das bedeutet, dass der Blütenstand wie eine Dolde aussieht, aber keine ist: Die Blüten stehen in einer etwas gewölbten Ebene, die Blütenachsen entspringen aber nicht wie bei einer echten Dolde aus einem Punkt). Die Blüten sind fünfzählig, das heißt, sie besitzen je fünf gelbgrüne Kelch- und Kronblätter sowie zahlreichen Staubblätter. Sie öffnen sich in Massen an jedem Baum erst im Juni/Juli, bei der Winter-Linde zwei Wochen später als bei der Sommer-Linde (daher wird die Winde-Linde auch Spät-Linde genannt).

Die Lindenblüten duften vernehmlich im Sommer.

Damit gehören Linden zu den Spätblühern. Da es von denen nicht allzu viele unter den einheimischen Baumarten gibt, sind die Linden bei Imkern und Naturschützern so beliebt. Dies macht zugleich deutlich, dass die Bestäubung von Bienen (und Hummeln) übernommen wird. Wenn Linden blühen, muss man das nicht sehen, das riecht man am unverwechselbaren Honigduft, den man mit etwas Übung bis zu 200 Meter weit bemerkt. Freude bereitet es, wahrzunehmen, dass jetzt die Linden blühen – und sich dann zu fragen, wo sie wohl stehen.

Als Früchte entwickeln sich aus den Blüten kleine gestielte Nüsschen. Das zum Fruchtstand gehörige auffällige längliche Tragblatt fördert die Windverbreitung, die bis zu 150 Meter weit reicht. Die Früchte bleiben lange am Baum hängen (bis in den Winter) und dienen Vögeln und Kleinsäugern als Nahrung.

Bei Windstärke 4 hört man im Sommer aus der Krone ein helles Rascheln. Die Wurzeln entwickeln ein Herzwurzelsystem, passen also in ihrer Ausprägung ebenfalls gut zur Krone. Bei entsprechenden Bodenverhältnissen kann es auch zur Bildung eines Flachwurzelsystems kommen.

Lebensraum und Nektarquelle

Das natürliche Verbreitungsgebiet der Linden erstreckt sich über ganz Europa außer dem höheren Norden und bis nach Russland. Dabei dringt die Winter-Linde deutlich weiter nach Norden und Osten vor als die Sommer-Linde und bildet dort sogar natürliche Reinbestände. Bemerkenswerte Linden-Vorkommen gibt es bei uns vor allem im Berg- und Hügelland und im Auenbereich größerer Flüsse, wobei Schwerpunkte die Regenschatten-Bereiche und Steilhänge von Mittelgebirgen sowie Auenwälder an Elbe, Rhein, Saale und Oder sind. Im Gebirge bleibt die Winter- hinter der Sommer-Linde zurück, die höher steigt (die Winter-Linde kommt in den Alpen bis 1200 Meter vor, die Sommer-Linde bis 1700 Meter).

Die beiden Linden-Arten unterscheiden sich deutlich in ihren Ansprüchen an Licht, Wasser, Wärme und Nährstoffen: Grundsätzlich ist die Sommer-Linde anspruchsvoller, was man sich als Lernhilfe gut mit den deutlich größeren Blättern merken kann, die natürlich »mehr von allem brauchen«.

Die Winter-Linde ist eine Schatten- und Klimax-Baumart, das heißt, sie erträgt bis ins Alter Beschattung – einer der großen Vorteile im Wald und in Parkanlagen, da sie auch unter Altbäumen aufwachsen und gepflanzt werden kann und dort kaum kümmert, im Gegensatz zu fast allen anderen Baumarten. Die Sommer-Linde benötigt ab dem mittleren Alter mehr Licht und ist daher eine Halbschatten- und Übergangs-Baumart.

Häufig findet man im Juli unter blühenden Linden sterbende Hummeln auf dem Boden. Dies tritt am wenigsten bei Sommer-Linden auf, häufiger bei den später blühenden Winter-Linden, am häufigsten bei den noch später blühenden Silber-Linden, einer in der Stadt verwendeten Linden-Art aus Südost-Europa. Anfangs dachte man, dass der Nektar der nichtheimischen Silber-Linden für die Hummeln giftig ist. Bei eingehenden Untersuchungen hat sich jedoch im Gegenteil herausgestellt, dass man die sterbenden Hummeln mit dem Nektar wieder zum Weiterleben stimulieren kann.

Es liegt also nicht an giftigem Nektar, sondern daran, dass spät blühende Linden eine starke Lockwirkung auf die dann nach den versiegenden Nahrungsquellen suchenden Hummeln haben. Diese fliegen daher massenweise zu den Linden, und dann reicht der Nektar dieser Bäume nicht mehr für die vielen Hummeln. Abhilfe lässt sich nur schaffen, indem wir für mehr Nektarquellen im Sommer sorgen, wie sie in Blumenwiesen vorkommen, definitiv jedoch nicht in Golfrasen.

Die Krone von Linden ist ein sehr beliebter Lebensraum bei Vögeln, zum einen als Nistplatz, zum anderen wegen der Früchte im Winter als Nahrungsquelle. Die Insekten wurden als Bestäuber bereits genannt.

Unter den Pilzen sind häufig am Stamm(fuß) Lackporlinge, Austernseitlinge und Brandkrustenpilze zu finden. Auch die Laubholz-Mistel fühlt sich wohl in Lindenkronen.

Schützender Begleiter der Menschen

Beide Lindenarten sind gleichermaßen sehr beliebte Wald- und Stadtbäume. Im Wald tragen dazu ihre Schattentoleranz und ihre Holzqualität bei, in der Stadt ihre Genügsamkeit, ihre Heilwirkungen und ihre Robustheit. In der Forstwirtschaft machen sie sich außerdem sehr viele Freunde als »dienende Baumart« unter Eichen und Eschen, indem sie deren Stämme beschatten und so zur schnelleren Astreinigung führen, was bessere Holzqualitäten und damit höhere Verkaufspreise zur Folge hat.

Das schlichte Lindenholz hat eine hellbraune bis leicht rötliche Färbung, die Jahrringe sind schwer zu erkennen. Das Holz ist relativ leicht, in getrocknetem Zustand halb so schwer wie Eichenholz. Das Holz von Sommer- und Winter-Linde lässt sich mit herkömmlichen Methoden nicht unterscheiden. Es ist das beste Schnitzholz, da es sehr weich ist und nicht splittert. Viele Kasperlepuppen und Krippenfiguren bestehen daher aus Lindenholz, ebenso die meisten Altar- und Wandfiguren in Kirchen. Lindenholz wird deshalb auch als Sakral- oder »Heiligenholz« (Lignum sanctum) bezeichnet. Weiter findet es in der Drechslerei und Bildhauerei Verwendung.

Der Rindenbast wurde früher für Schnüre (Schnürsenkel), Kleidung, Taschen und Schuhe verwendet und wegen seiner Reißfestigkeit bis heute als »Gärtnerbast«. Daran merkt man, dass die Linde nah mit der Jutepflanze verwandt ist.

Die Linden sind in den meisten Städten Mitteleuropas die häufigsten Bäume (nur Ahorne haben eine ähnliche Verbreitung). Dazu trägt neben ihrem guten Anpassungs-Vermögen auch ihre Reaktionsfähigkeit auf Stammverletzungen und ihre hohe Schnitt-Toleranz bei. Leider war das Kappen von Linden bis vor Jahrzehnten sehr in Mode, die negativen Folgen wirken oft noch bis heute. Den Rest gibt man solchen Bäumen dann, wenn sie nochmal verstümmelt werden, gelegentlich als Verjüngungs- oder Regenerationsschnitt deklariert.

Neuerdings sieht man in der Stadt viele neu gepflanzte Linden (und andere Bäume), die weiß angestrichen sind. Damit wird sozusagen die Birke mit ihrer weißen Rinde nachgeahmt, denn dieser ungiftige Farbanstrich hält die Rinden-Temperatur für einige Jahre niedrig genug, sodass die Bäume keinen Sonnenbrand erleiden und sich anpassen können.

Die Linde ist Volksbaum und Treffpunkt: Eine Kunstveranstaltung findet unter einer Linden-Allee statt.

Als Solitärgehölz oder in Alleen können Linden ihre Wirkung besonders gut entfalten. Sie haben daher ihren festen Platz als Gehölze in Siedlungen und in der Landschaft. Hier werden sie auch häufig traditionell als Kopfbaum beschnitten, was sie gut vertragen.

Tanzlinden und Alleen

Etwas ganz besonders Schönes sind Tanzlinden, die früher sehr verbreitet waren. Heute kennt man nur noch einige wenige ältere Exemplare (die zu 95 Prozent Sommer-Linden sind). Dafür wurden in den Kronen alter Linden die Äste so »geleitet«, dass man einen Tanzboden hineinbauen konnte, mit Geländer rundherum und einer Treppe zum Hochsteigen. Festveranstaltungen fanden in und unter diesen Bäumen statt. Besonders schöne alte Exemplare, in denen auch heute noch getanzt wird, stehen in Effelder (Thüringen, eine Winter-Linde) und Effeltrich (Bayern, eine Sommer-Linde).

Eine der längsten und stammreichsten Linden-Alleen Deutschlands dürfte die etwa zwei Kilometer lange Herrenhäuser Allee in den Hannoverschen Herrenhäuser Gärten mit vierreihig insgesamt 1300 Linden sein. Als Straßenbaum macht der Linde allerdings der Salzeintrag zu schaffen, die Blätter bekommen davon braune Ränder und können vorzeitig abfallen.

Fast alle Teile der Linde werden in der Naturheilkunde genutzt. Wohl jeder kennt den Lindenhonig. Besondere beliebt ist bis heute auch Tee aus Lindenblüten. Medizinische Studien belegen seine biochemische Wirkung zur Stärkung der körpereigenen Abwehrkräfte, die Blüten enthalten als wirksame Substanz das Lindenblüten-Öl.

In Mythologie und Brauchtum waren und sind die Linden sehr bedeutsam. Dorflinden, Gerichtslinden, Kirchlinden, Tanzlinden, Hofbäume, Sagen, Gebräuche und Ortsnamen zeugen von der jahrhundertelangen vielseitigen Bedeutung der Linden, auch als Grenzbäume in der Feldflur. Der Treffpunkt unter der Linde im Ortszentrum war lange Zeit (vor Telefon und Internet) die wichtigste Kommunikations-, Informations- und Schaltzentrale für die Bevölkerung oder Treffpunkt für Verliebte. Vielleicht können wir das ja im Zeitalter der digitalen Übersättigung wieder einführen?

Linden spielen zudem seit Jahrhunderten in Religion und Poesie eine bedeutende Rolle, man denke an die »Dichterlinden«. Unter Lindenbäumen wurde gearbeitet, gespielt, getanzt, geheiratet und Gericht gehalten (vor dem »Tilialgericht«). Sie waren außerdem Talisman, Zauberbaum und Schutz gegen böse Geister und Blitze – eine Linde vorm Haus gilt bis heute als Schutzsymbol. Linden durften daher früher auch nicht gefällt werden, um die Familie vor Unglück zu bewahren. Viele Sagen, Gedichte, Bilder und Lieder sind entstanden, die den Linden eine besondere Stellung verleihen. (Dies klingt an im Volkslied »Am Brunnen vor dem Tore ...«.)

Baum für viele Jahrhunderte

Beim Pflanzen einer Linde sollte man bedenken beziehungsweise berücksichtigen, dass sie 1000 Jahre alt werden kann. – Wird man dabei nicht ehrfürchtig und beginnt, über Nachhaltigkeit nachzudenken? Die mit einem Alter von über 700 Jahren ältesten Bäume in Deutschland sind zu

Der Uraltbaum einer Sommer-Linde besitzt eine zurücksterbende und zerfallende Krone.

weit über 50 Prozent Linden, viele davon stehen in Dörfern oder Kleinstädten. Oft tragen sie besondere Namen wie zum Beispiel die Zwölf-Apostel-Linde in Gehrden oder die Auferstehungslinde in Annaberg.

Der Name Linde soll vom biegsamen, weichen (= linden) Holz kommen, der Gattungsname *Tilia* kommt von lateinisch *telum* für Pfahl: Lindenzweige wurden nämlich zur Römerzeit als Rebpfähle genutzt.

Probleme verursacht an warmen Frühlings- und Sommertagen der aus Lindenkronen tropfende Honigtau: Die kleinen Zuckerwasser-Tröpfchen machen bekanntermaßen Fahrräder, Autos und Bänke klebrig. Selbst wenn der Belag beim nächsten Regen wieder abgewaschen wird und absolut unschädlich ist, machen sich die Linden dadurch etwas unbeliebt.

Als häufigste Benennung von Gaststätten in Deutschland findet man – nach dem Ratskeller – Namen mit Linde, wie zum Beispiel Gasthaus zur Linde, Lindenhof (wie eine Auswertung von 56300 Gaststätten-Namen ergab). Auch unter den Straßennamen ist sie mit 2648 Nennungen die häufigste Baumgattung, etwa als Lindenstraße, Unter den Linden usw.

Gewöhnlicher Wacholder

Einzelgänger auf trockenen Weiden

Ist er ein Strauch oder ein Baum? Darüber kann man beim Wacholder lange diskutieren. Man muss ihn sich allerdings genauer anschauen.

Der Wacholder (*Juniperus communis*) ist extrem vielgestaltig, mal Baum, mal Strauch, kann einen säulenförmigen, auseinanderstrebenden oder flachen Wuchs annehmen und in Extremsituationen gar zum niederliegenden Gehölz werden. Aufrechte säulenförmige Wuchsformen haben ihm auch den Namen »Zypresse des Nordens« eingebracht. Der Gestaltkünstler prägt viele Heide-Landschaften und kann dort seinen großen Lichtbedarf als Sonnenanbeter befriedigen. Auffallende Jahreszeiten gibt es beim immergrünen Wacholder nicht, aber umso mehr verändert sich die Landschaft um ihn herum im Laufe des Jahres, zum Beispiel in Heideflächen.

Der Wacholder gehört zur Familie der Zypressengewächse. Dazu gehören auch Lebensbäume und Mammutbäume. In Nordamerika gibt es Wacholder-Arten (dort Zedern genannt), die zu 30 Meter hohen Bäumen heranwachsen. Der Wacholder war 2002 Baum des Jahres.

Beerenzapfen reifen im zweiten Jahr

Der Wacholder wächst sehr langsam, baumförmige Exemplare erreichen in zehn Jahren oft nur eine Höhe von einem Meter. Der unterste astfreie Stammabschnitt ist, wenn er auftritt, meist sehr kurz und erreicht höchstens zwei Meter Länge.

Knospen sucht man bei diesem Gehölz vergeblich, nur einige unterentwickelte Nadeln schützen die Triebspitze. Dafür kann der Wacholder sogar im Winter weiterwachsen, wenn die Witterung für längere Zeit warm genug ist (was in Südeuropa häufiger der Fall ist). Meist entwickelt sich der Wacholder von Grunde an verzweigt.

Charakter des immergrünen Wacholders mit großer Formenvielfalt.

Die Rinde löst sich bei älteren Exemplaren in langen, dünnen Streifen ab, ein schönes Beispiel für eine Streifenborke. Diese ist ein wichtiges dekoratives Element, noch dazu, weil der Stamm oft sehr drehwüchsig ist. Strauchförmige Exemplare können Höhen von drei bis fünf Meter erreichen. Seltener gibt es baumförmige Wacholder, mit einer Höhe von zehn Meter (selten 15 Meter). Stammumfänge von bis zu 50 Zentimeter (selten 80 Zentimeter) sind das Maximum. Mit einem Höchstalter von über 400 Jahren (sehr selten über 1000 Jahre) kann der Wacholder aber sehr alt werden.

Die immergrünen Nadeln stehen zu dritt im Quirl wie ein Stern. Der Gewöhnliche Wacholder besitzt im Gegensatz zu vielen anderen Wachol-

Die Zweige tragen ein- und zweijährige Zapfen sowie immergrüne Nadeln.

der-Arten keine schuppenförmigen, sondern ausschließlich nadelförmige Blätter. Die steifen, stechenden Blätter haben oberseits einen weißen Streifen mit schmalen grünen Rändern. Der Streifen entsteht durch ein Band von winzigen Öffnungen zum Gasaustausch (sogenannte Spaltöffnungen), die von Wachs bedeckt sind. Die Lebensdauer der Nadeln beträgt drei bis vier Jahre. Bei Windstärke 4 hört man aus der Krone ein wogendes helles Rauschen.

Der Wacholder wächst zweihäusig, das heißt, es gibt nur männliche oder weibliche Exemplare. Die Blüten stehen an kurzen Seitensprossen und entfalten sich unauffällig zwischen Ende April und Anfang Juni (je nach Höhenlage und Witterung). Die Bestäubung erfolgt mit Hilfe von Tropfen an den weiblichen Blüten, die den vom Wind herangeführten Pollen einfangen und bei ihrem Eintrocknen einsaugen. Das lässt sich aber nur mit einer Lupe beobachten. Zur Befruchtung kommt es erst zwei bis drei Monate später.

Nach der Befruchtung vereinigen sich die obersten drei Schuppenblätter (die »Fruchtblätter«), werden fleischig und wachsen zu einem kugelförmigen Beerenzapfen heran, der die Samen bald völlig einschließt. Es kann sich nicht um Beeren handeln, denn Früchte gibt es bei Nadelgehölzen nicht. Bereits im Juli des ersten Jahres ist der Zapfen ganz geschlossen, aber die Nähte zwischen den Schuppen erkennt man noch (in diesem Stadium ist noch unschwer zu sehen, dass es sich um einen Zapfen mit drei Zapfenschuppen handelt). Die Samen reifen erst im Herbst oder Winter des zweiten Jahres – oder sogar erst im dritten Jahr. Die Beerenzapfen sind im ersten Herbst noch grün, hart und von unangenehmem Geschmack. Im Sommer des zweiten Jahres werden sie fleischig, schwarzblau und bekommen einen Wachsüberzug. Dann kann man die Zapfenschuppen nicht mehr erkennen. Die Beerenzapfen werden durch Vögel verbreitet. Dabei wird ihre Keimfähigkeit jedoch zum Teil erheblich herabgesetzt.

Gehölz der Freiflächen

Der Wacholder ist rund um die Nordhalbkugel verbreitet. Sein Verbreitungsgebiet reicht in Europa im Norden von der Küste des Eismeeres bis in den Süden nach Zentral-Spanien und zu den nordafrikanischen Gebirgen. Außerdem kommt der Wacholder in Südgrönland und in Nordamerika und somit als einzige der hier vorgestellten Baumarten zirkumpolar vor. Meist tritt er gruppen- und herdenweise auf. Er ist von der Ebene bis in die Hochalpen verbreitet. Als absolutes Maximum der Höhenverbreitung in den Alpen gelten 3570 Meter, womit er das am höchsten steigende Gehölz Europas ist. Er steht in mehreren Bundesländern auf der Roten Liste als (stark) gefährdet oder vom Aussterben bedroht (dies bezieht sich auf Wildexemplare).

Der Wacholder ist eine Pionier-Baumart. Obwohl er so weit verbreitet ist, hat er unter natürlichen Verhältnissen aufgrund seines sehr hohen Lichtbedarfes nur im offenen Land Aussicht, länger zu überleben. Dies ist vor allem auf ärmeren Standorten des Tieflandes in beweideten Heidege-

Der Wacholder sticht aus der blühenden Heidelandschaft hervor.

bieten der Fall, wo er als landschaftsprägendes Element auftritt und er andere Gehölze vor Verbiss schützt. Daher wird der Wacholder auch als Zierde der Heiden bezeichnet. Zudem ist kaum eine Baumart so trockenheitsresistent wie der Wacholder. Auf armen, trockenen Böden tritt er besonders oft in schlanken, zypressenartigen Wuchsformen in Erscheinung, vor allem in Skandinavien.

Der Wacholder erträgt extreme Winterkälte und stellt sehr geringe Ansprüche an den Boden. Im Grunde kann er überall wachsen. Seine variable Kronenform wirkt sich infolge des dadurch bedingten unterschiedlichen Schattenwurfes sogar auf die Zusammensetzung der Begleitvegetation aus, was eindrucksvoll untersucht wurde.

Wenn die Beweidung von Heideflächen fehlt, kommt es sofort zur natürlichen Wiederbewaldung, und der Wacholder wird schließlich durch Beschattung verdrängt. Kümmernde oder abgestorbene Exemplare in heute geschlossenen Wäldern weisen daher auf frühere Heideflächen an diesen Stellen hin. Dies ermöglicht eindrucksvolle Rückschlüsse auf die lokale Waldgeschichte.

Der Wacholder bietet Lebensraum für eine Reihe von Insekten (zum Beispiel Wacholder-Prachtkäfer, -Miniermotte, -Borkenkäfer) und Pilzen (zum Beispiel verschiedene Rostpilz-Arten). Im Frühling dienen die männlichen Blüten als Pollenspender für Bienen. Auch als Vogelschutz- und Vogel-Nährgehölz ist er sehr wertvoll, und im Winter schafft er zusätzlich einen Zufluchtsort und Sichtschutz für das Wild.

Wacholderbeeren für die Küche

Aus forstwirtschaftlicher Sicht hat der Wacholder keine Bedeutung, sodass bereits 1871 der Tharandter Forstbotaniker Roßmäßler sein Leben mit dem eines forstlichen Proletariers verglich, um den sich niemand kümmert.

Das Holz ist weich, aber zäh, elastisch, schwer spaltbar, dauerhaft und weitgehend resistent gegen Insektenbefall. Es hat einen typischen sehr aromatischen Geruch und enthält kein Harz. Die Jahrringe sind eng und grobwellig. Das Holz des Wacholders eignet sich gut für Schnitz- und Drechslerarbeiten und wird in der Kunsttischlerei verwendet. Ferner nutzt man es zum Räuchern von Wurst- und Fleischwaren sowie von Fisch, da die Speisen dadurch ein einmaliges Aroma bekommen.

Wacholderzweige können gut für Kränze verwendet werden, schlanke junge Sprosse wegen ihrer Zähigkeit für Peitschen und sogar zur Korbflechterei. In alten norddeutschen Fachwerkhäusern findet man bisweilen heute noch Einstreu von Wacholdernadeln unter den Erdgeschossdielen – zum Schutz vor Mäusen, denn die Nadeln bedeuten für sie ein fast unüberwindliches Hindernis.

In den Beerenzapfen des Wacholders finden sich neben Ölen in den Zapfenschuppen bis zu 30 Prozent Zucker. Deshalb werden sie vergoren und destilliert, wobei das Öl in das Produkt mit eingeht. Je nach Land und Region nennt man das dann Gin, Genever, Borovicska oder Steinhäger.

Am bekanntesten aber ist wohl die Verwendung der Beerenzapfen beim Kochen und zur Branntweinherstellung, zum Räuchern und für verschiedene Heilmittel. Als Gewürz für Wildspeisen und Sauerkraut sind sie ein Muss.

Der Wacholder eignet sich sehr gut geeignet als Stadtgehölz, denn er ist unempfindlich gegen das Stadtklima und erstaunlich resistent gegenüber Luftverunreinigungen (auch gegenüber Ozon). So wird er in Gärten und Grünanlagen besonders zur Anlage von Heideflächen verwendet (meist in Sorten) – und damit kann man die Wirkung kleiner Gärten eindrucksvoll vergrößern. Der Wacholder ist schnittverträglich, bildet dichte Hecken und lässt sich sogar zu lebenden Skulpturen formen. Alte Exemplare vertragen ein Umpflanzen allerdings nur schlecht, unbedingt muss man dabei die Himmelsrichtung der Krone einhalten (mehr dazu unter Tanne und Eibe).

Im Mittelalter gehörte der Wacholder zu den wichtigsten Pflanzen der Heilkunde. Die Ernte der Beerenzapfen ist allerdings sehr mühsam und unangenehm wegen der stechenden Nadeln. Dafür legt man Tücher unter die Büsche und schüttelt sie dann.

In Mythologie und Volksglauben hatte der Wacholder große Bedeutung. Als in der Dämmerung einzeln stehende Gestalt hat er vor allem in Heidegegenden die Fantasie der Menschen beflügelt. Er wird als Hüter an der Schwelle vom Leben zum Tod bis heute gerne an Grabstellen gepflanzt. Auf Rügen steckte man beim Hausbau einen Wacholderzweig mit ins Fundament, damit der Teufel fernblieb.

Schutz vor Dämonen

In Sagen, Märchen und Liedern galt der Wacholder früher als rätselhaftes, geheimnisvolles Gewächs, er schützte vor Hexen, Zauberern und anderen dämonischen Wesen. Durch das Märchen »Von dem Machandelboom« der Gebrüder Grimm (»Der Wacholderbaum« von L. BECHSTEIN) ist der Wacholder in vielen Gebieten auch als Machandel bekannt.

Der Name Wacholder ist auf das deutsche Sprachgebiet beschränkt und tritt seit dem 15. Jahrhundert auf. Er ist aus der Althochdeutschen Silbe »wachal« abgeleitet, die so viel wie frisch, hier »immergrün«, bedeutet. Im deutschen Sprachraum gibt es über 150 verschiedene Namen für den Wacholder; das ist rekordverdächtig. Manche davon leiten sich von seinem Verwendungszweck ab. So wird er auch als Räucherstrauch oder Weihrauchbaum bezeichnet, weil die Zweige und Zapfen beim Räuchern sehr aromatisch riechen, oder als Knastebusch wegen des eindrucksvollen Knisterns der Zweige im Feuer.

Es hat sich gezeigt, dass die Standort-Bedingungen einen erheblichen Einfluss auf das Geschlechter-Verhältnis haben können. So kann man auf trockenen Sandstandorten einen erhöhten Anteil männlicher Wacholder

Ein baumförmiger Wacholder wächst auf nacktem Fels – typisch für eine Pionierbaumart.

finden. Dies mag aber auch daran liegen, dass weibliche Wacholder auf solchen Standorten über mehr Jahre steril bleiben. Eingehende Untersuchungen in Polen belegen, dass bei der Neubesiedelung von Flächen oft zunächst vor allem männliche Exemplare auftreten und im Verhältnis der Geschlechter erst später dann weibliche Exemplare überwiegen können. Die Männer müssen folglich die Lage testen.

Serviceteil

Zum Weiterlesen

Amber, C.
Baumwelten und ihre Geschichten
(2015) Franckh-Kosmos, Stuttgart

Breidbach, O.
Natur der Ästhetik – Ästhetik der Natur
(1997) Springer, Wien–New York

BfN (Bundesamt für Naturschutz)
Rote Liste gefährdeter Pflanzen Deutschlands
(1996) Schriftenreihe f. Vegetationskunde 28, Landwirtschaftsverlag, Münster-Hiltrup

Brunner, M.
Bedeutende Linden – 400 Baumriesen Deutschlands
(2007) Haupt, Bern

Czajkowski, T., Bolte, A.
Unterschiedliche Reaktion deutscher und polnischer Herkünfte der Buche (*Fagus sylvatica* L.) auf Trockenheit
(2006) Allg. Forst- u. Jagdztg. 177: 30–40

Citree
Planungsdatenbank Gehölze für urbane Räume
(2016) Online-Version: www.tu-dresden.de/forstbotanik [Zugriff 01.12.2016]

Demandt, A.
Über allen Wipfeln – der Baum in der Kulturgeschichte
(2002) Böhlau, Köln

Die Welt
Deutschlandkarte: die ältesten Bäume
(2012) http://www.zeit.de/2012/07/Deutschlandkarte-Baeume [Zugriff 01.12.2016]

DGGL (Dt. Ges. f. Gartenkunst u. Landschaftskultur) (Hrsg.)
Garten und Gesundheit
(2008) DGGL-Jahrbuch 2008, 1–109

Döser, M., Kunert, G.
Vom Mythos alter Bäume
(2006) Ellert & Richter, Hamburg

Dujesiefken, D., Liese, W.
Das CODIT-Prinzip
(2008) Haymarket Media, Braunschweig.

Ellenberg, H., Leuschner, C.
Vegetation Mitteleuropas mit den Alpen
(2010) 6. Auflage, Eugen Ulmer, Stuttgart

Essl, F., Rabitsch, W. (Hrsg.)
Biodiversität und Klimawandel
(2013) Springer Spektrum, Berlin–Heidelberg

Fay, N.
Der richtige Umgang mit uralten Bäumen: Archebäume und Baumveteranen
(2015) Jahrbuch für Baumpflege 2015: 181–197

Fischer-Rizzi, S.
Blätter von Bäumen – Heilkraft und Mythos einheimischer Bäume
(2008) 2. Auflage, AT, Baden–München

Gebhard, U.
Stadtnatur und psychische Entwicklung
(1998) In: H. Sukopp, R. Wittig (Hrsg.), Stadtökologie Fischer, Stuttgart u. a., 105–124

Godet, J.-D.
Baumrinden – Vergleichen und bestimmen
(2011) Eugen Ulmer, Stuttgart

Hageneder, F.
Die Eibe in neuem Licht
(2007) Neue Erde, Saarbrücken

Hageneder, F.
Yew
(2013) Reaktion Books, London

Hageneder, F., Parker, E.
Die Weisheit der Bäume – Mythos, Geschichte, Heilkraft
(2014) 3. Auflage, Franckh-Kosmos, Stuttgart

Hageneder, F., Trendelkamp, M.
Baumwelt – Eine Reise durch die Welt der Bäume
(2012) Neue Erde, Saarbrücken

Hellbrück, J., Fischer, M.
Umweltpsychologie
(1999) Hogrefe, Göttingen u. a

Heller, E.
Wie Farben wirken – Farbpsychologie, Farbsymbolik, Kreative Farbgestaltung
(2004) Rowohlt, Hamburg.

Hintermeier, H., Hintermeier, M.
Die Weide – Baum und Strauch für Tier und Mensch
(2009) Delp, Bad Windsheim

Hofmann, M.
Urbane Wildnis aus Sicht der Nutzer. Wahrnehmung und Bewertung vegetationsbestandener städtischer Brachflächen
(2011) Dissertation, Humboldt-Universität Berlin

Huber, G., Petrova, K., Konnert, M., Thiel, D.
Transferversuche mit Buche (*Fagus sylvatica* L.) zur Prüfung der Angepasstheit im Klimawandel
(2014) In: Anzucht unter stark unterschiedlichen Bedingungen. Allg. Forst- u. Jagdztg. 185: 82–96

ISHS (International Society for Horticultural Science) (Hrsg.)
Following Chestnut Footprints (Castanea spp.) – Cultivation and Culture, Folklore and History, Traditions and Uses
(2009) Scripta Horticulturae 9: 1–176

Laudert, D.
Mythos Baum – Geschichte, Brauchtum, Baumporträts
(2009) 7. Auflage, BLV, München

Lehmann, A.
Von Menschen und Bäumen – Die Deutschen und ihr Wald
(1999) Rowohlt, Hamburg

Lonsdale, D. (ed.)
Ancient and Other Veteran Trees – Further Guidance on Management
(2013) Severnprint, Gloucester, UK

Mader, G., Neubert-Mader, L.
Bäume – Gestaltungsmittel in Garten, Landschaft und Städtebau
(2004) Komet, Köln

Martens, D., Bauer, N.
Die Wirkung urbaner Wälder auf das psychische Wohlbefinden
(2008) Forum f. Wissen 2008, 81

Matyssek, R., Fromm, J., Rennenberg, H., Roloff, A.
Biologie der Bäume
(2010) Eugen Ulmer, Stuttgart

Mitsch-Engel, A.
Bäume lügen nicht – Das keltische Horoskop
(1981) Schlender, Göttingen

Monumentaltrees
Die dicksten, höchsten und ältesten Bäume in Deutschland
(2017) http://www.monumentaltrees.com/de/rekorde/deu/ [Zugriff 06.01.2017]

Nohl, W.
Landschaftsplanung – Ästhetische und rekreative Aspekte
(2001) Patzer, Berlin–Hannover

Ortner, H. A.
Die Birke – Ihre Bedeutung in interdisziplinärer Sicht
(2015) HEP, Bern

Pietzarka, U.
Zur ökologischen Strategie der Eibe (*Taxus baccata* L.) – Wachstums- und Verjüngungsdynamik
(2005) Forstwiss. Beitr. Tharandt 25: 1–195

Pollet, C., Isambert, A.
Rinde – Die Wunderwelt der Bäume entdecken
(2012) Eugen Ulmer, Stuttgart

Read, H.
Veteran Trees – a Guide to Good Management
(2000) English Nature, Birmingham

Roloff, A.
Kronenentwicklung und Vitalitätsbeurteilung ausgewählter Baumarten der gemäßigten Breiten
(1989) Sauerländer's, Frankfurt a. M

Roloff, A.
Baumkronen – Verständnis und praktische Bedeutung eines komplexen Naturphänomens
(2001) Eugen Ulmer, Stuttgart

Roloff, A.
Bäume – Lexikon der praktischen Baumbiologie
(2010) Wiley-VCH, Weinheim

Roloff, A.
Bäume in der Stadt – Besonderheiten, Funktion, Nutzen, Arten, Risiken
(2013) Eugen Ulmer, Stuttgart

Roloff, A.
Handbuch Baumdiagnostik – Baum-Körpersprache und Baum-Beurteilung
(2015) Eugen Ulmer, Stuttgart

Roloff, A.
Über die Plastizität alter Bäume – was an Veränderungen können sie ertragen?
(2016) In: Forstwiss. Beitr. Tharandt – Contrib. For. Sc., Beih. 18: 190–209

Roloff, A., Bärtels, A.
Flora der Gehölze – Bestimmung, Eigenschaften, Verwendung
(2014) 4. Auflage, Eugen Ulmer, Stuttgart

Roloff, A., Weisgerber, H., Lang, U. M., Stimm, B. (Hrsg.)
Enzyklopädie der Holzgewächse
(2017–1994) Wiley-VCH, Weinheim

Rust, S., Roloff, A.
Warum sterben alte Bäume und Zweige geringer Vitalität?
(2001) Allg. Forstzeitschr./Der Wald 56, 672–673

Schmeling, K.-B. v.
Die Elsbeere (*Sorbus torminalis* Crantz)
(1994) Goltze-Druck, Göttingen

Schmid, M., Schmoll, H.
Ginkgo – Ur-Baum und Arzneipflanze, Mythos, Dichtung und Kunst
(1994) WVG, Stuttgart

Schmidt-Vogt, H.
Die Fichte – Taxonomie, Verbreitung, Morphologie, Ökologie, Waldgesellschaften
(1987) Bd. 1. Blackwell, Berlin

Schneebeli-Graf, R.
Die Linde – ihre Geschichte und Geschichten
(2008) HEP, Bern

Schütt, P., Weisgerber, H., Schuck, H. J., Roloff, A. (Hrsg.)
Lexikon der Nadelbäume
(2004) Nikol, Hamburg

Schütt, P., Weisgerber, H., Schuck, H. J., Roloff, A. (Hrsg.)
Enzyklopädie der Laubbäume
(2006) Nikol, Hamburg

Schulze, E.-D., Beck, E., Müller-Hohenstein, K.
Pflanzenökologie
(2002) Spektrum, Heidelberg–Berlin

Stölb, W.
Waldästhetik
(2005) Kessel, Rehmagen

Stokes, J., Rodger, D.
The Heritage Trees of Britain and Northern Ireland
(2004) Constable & Robinson Ltd, London

Strassmann, R.
Baumheilkunde – Heilkraft, Mythos und Magie der Bäume
(2015) Freya, Linz

Ullrich, B., Kühn, U., Kühn, S.
Unsere ältesten Bäume
(2012) BLV, München

Vaude, M.-G.
Bäume Europas
(2009) RvR, Kehl

Vescoli, Meter
Der Keltische Baumkalender
(1995) Hugendubel, München

Vollmar, K.
Das große Handbuch der Farben – Symbolik, Wirkung, Deutung
(2005) Königsfurt, Krummwisch

Wagenführ, R.
Holzatlas
(2007) Fachbuchverlag, Leipzig

Walentowski, H.
Weltältester Baum in Schweden entdeckt
(2008) LWF aktuell 65: 56

Wallrath, B.
Märchen zum Keltischen Baumhoroskop
(2002) Smaragd, Woldert

Wikipedia
Liste markanter und alter Baumexemplare
(2017) https://de.wikipedia.org/wiki/Liste_markanter_und_alter_Baumexemplare
[Zugriff 06.01.2017]

Wittmann, R., Zwisseli, J.
Hofbäume – Tradition, Baumarten, Pflege
(2008) Eugen Ulmer, Stuttgart

Wöbse, H. H.
Landschaftsästhetik
(2002) Eugen Ulmer, Stuttgart

Woelm, E.
Mythologie, Bedeutung und Wesen unserer Bäume
(2006) MV, Münster

www.championtrees.de
Datenbank Rekordbäume
Dt. Dendrol. Ges. [Zugriff 06.01.2017]

Register

F

G

H

I

J

K

L

M

N

O

P

Q

R

S

Bildquellen

Alle Fotos im Buch und auf dem Umschlag stammen vom Autor mit Ausnahme der folgenden:
S. 33: Ulrike Roloff
S. 89: Norbert Mayer

Impressum

Die in diesem Buch enthaltenen Empfehlungen und Angaben sind vom Autor mit größter Sorgfalt zusammengestellt und geprüft worden. Eine Garantie für die Richtigkeit der Angaben kann aber nicht gegeben werden. Autor und Verlag übernehmen keine Haftung für Schäden und Unfälle. Bitte setzen Sie bei der Anwendung der in diesem Buch enthaltenen Empfehlungen Ihr persönliches Urteilsvermögen ein.
Der Verlag Eugen Ulmer ist nicht verantwortlich für die Inhalte der im Buch genannten Websites.

Bibliografische Information der Deutschen Nationalbibliothek
Die Deutsche Nationalbibliothek verzeichnet diese Publikation in der Deutschen Nationalbibliografie; detaillierte bibliografische Daten sind im Internet über http://dnb.d-nb.de abrufbar.

Wollgrasweg 41, 70599 Stuttgart (Hohenheim)
E-Mail: info@ulmer.de
Internet: www.ulmer-verlag.de
Lektorat: Ina Vetter, Agnes Pahler, Michael Kokoscha
Herstellung: Gabriele Wieczorek
Umschlagentwurf: red.sign, Anette Vogt, Stuttgart
Satz: red.sign, Anette Vogt, Susanne Junker, Stuttgart
Druck und Bindung: Neografia, Martin
Printed in Slovakia

ISBN 978-3-8001-0929-6